Seres que sienten

Manu Herrán

Ilustraciones de Adriana F. Caiaffa

Seres que sienten

Seres que sienten

Textos de Manu Herrán

Acuarelas de Adriana F. Caiaffa

Ediciones *Hacia el futuro*

www.haciaelfuturo.es

Seres que sienten

© del texto: Manuel de la Herrán Gascón

© del las acuarelas: Adriana F. Caiaffa

© de la presente edición: Manuel de la Herrán Gascón

Ediciones Hacia el futuro.

Web: www.haciaelfuturo.es

Diseño y maquetación: Manuel de la Herrán Gascón

Diseño de portada: Amazon

Impresión: Amazon

ISBN: 9781791692278

Primera edición: Madrid. Mayo 2019

Segunda edición: Madrid. Junio 2019 [Rev. 2.1]

Tabla de contenido

Prólogo, por 127.829 11
Preguntas que queremos responder 14
¿Por qué es importante? 16
¿Quiénes son los seres que sienten? 19
Fundamentos del método científico 22
Un poco de historia 23
Teocentrismo y antropocentrismo 25
¿Por qué solo los humanos? 26
Descartes 27
Qué difícil es desaprender 30
Richard Dawkins 36
Declaración de Cambridge 38
Human Brain Project 43
¿Humanos como hormigas? 44
El paradigma emergentista evolutivo 45
Fundamentos fisiológicos, conductuales y evolutivos 48
Aspecto similar y comportamiento similar 49
Mismo origen (evolutivo) y proximidad genética 54
Utilidad o necesidad (utilidad evolutiva) 56
Objeciones a la sintiencia animal 59
La paradoja de la experimentación con animales 64
La sintiencia en insectos 66
Valoración crítica de los argumentos 69
Crítica al requisito del sistema nervioso central 70

Crítica al argumento de la utilidad evolutiva..........................72

Una representación visual de la emergencia 76

Crítica al argumento de la emergencia....................................79

Del antiespecismo al antisubstratismo....................................81

Malentendidos del especismo...84

Una verdad incómoda 89

¿La sintiencia es útil o es inevitable?.......................................93

Mapa de alternativas de la experiencia sintiente...................97

¿Acaso los robots pueden sentir? 102

Lo relevante son los intereses 105

Seres sin contornos bien definidos...107

Intereses, deseos, preferencias, dolor y sufrimiento 110

¿Cómo puede no existir la voluntad? 113

Estableciendo prioridades: un ejemplo ilustrativo...............116

Por extraño que parezca, incrementar la felicidad no es relevante 119

¿Sobre quién recae la carga de la prueba?...........................121

Un concierto de David Bisbal...123

La carga de la prueba en sintiencia animal..........................126

¿Cómo funciona el mecanismo que ignora la sintiencia de los animales no humanos?..128

¿Cómo es posible entonces la consideración de los animales no humanos? 130

¿Realmente la culpa es del especismo? 131

¿Y si la ética fuera una farsa? 136

¿Cómo es posible la existencia de cooperación e incluso el altruismo en un mundo guiado por el egoísmo de los genes? 137

¿Cómo es posible la existencia de una ética que proponga la disminución de poblaciones? 139

¿Cómo maximizar la cooperación y el altruismo en un mundo guiado por el egoísmo de los genes? 140

Pequeños pasos para tener en cuenta a los animales..........142

Argumentos a favor de la consideración moral de los animales 144

Argumentos en contra de la consideración moral de los animales 145

A modo de resumen 148

El principio de estabilidad, inercia y recurrencia..................149

Conclusión: ¿Quiénes son los seres moralmente relevantes? 149

Los límites del "método del parecido" 151

¿Puede haber otro tipo de seres sintientes?.......................152

¿Cómo determinar la sintiencia de seres que no son parecidos a nosotros? 154

Cosas que sienten..156

Conclusiones..159

¿Qué puedo hacer? 161

Prólogo, por 127.829

Me llamo 127.829, aunque mis amigas me llaman Bernardina[1]. Soy la hormiga que podéis ver en la ilustración de la página siguiente. Vivo en el santuario de animales "La casita de Lluvia[2]" y me han pedido que escriba este prólogo manchando mis patitas en tinta y recorriendo una hoja de papel.

Por supuesto, me negué. No soy ninguna larva. Tengo ya casi ocho meses de edad y ninguna intención de mancharme haciendo cosas extravagantes. Pero entonces alguien propuso emplear néctar de flores en vez de tinta, y esto me pareció mucho más razonable. En la portada del libro podéis ver a Lluvia, un burro.

De alguna forma, Lluvia es la razón de que exista este libro y de que hoy pueda volverme diabética si así lo deseara.

Lluvia llegó al santuario, bastante delgada y cansada, una tarde de abril. Por cierto, cuando dije "santuario" tal vez pensasteis en un santuario como el dedicado al dios Osiris en Tebas. (Tebas es esa ciudad que ahora llaman Luxor. Lo digo por si este libro lo leen humanos de más de 4.000 años de edad). No se trata de eso.

---

[1] es.wikipedia.org/wiki/Bernard_Werber

[2] facebook.com/refugiolacasitadelluvia

Cuando alguien tiene el proyecto de construir algo, primero hace un modelo o prototipo. Si ha ido a una escuela de marketing lo llamará "prueba de concepto". El prototipo es eso que queréis realizar, pero a pequeña escala.

Los santuarios de animales son prototipos de un mundo en el que todos los animales viven felices, cuidándose unos a otros, aunque discutamos a veces por el mando de la tele, como en cualquier familia.

Este libro trata de explicar por qué este proyecto es importante, y de hecho es el proyecto más importante de todos. Y por qué nos atrevemos a pediros que nos ayudéis a construirlo, incluso cuando no tenemos intención de daros néctar a cambio.

Acuarela de Adriana F. Caiaffa

PREGUNTAS QUE QUEREMOS RESPONDER

Hay una palabra relativamente nueva que es "sintiencia" (o si se quiere "sentiencia"), que hace referencia a la capacidad de *sentir*. Podríamos haber empleado la palabra "sensibilidad", pero resulta que en español y sobre todo también en inglés sensibilidad (*sensitivity*) se emplea también en contextos en los que no pretendemos indicar que alguien siente, como cuando decimos que una película fotográfica es sensible a la luz. Seguramente debido a esto se ha generalizado el uso de una nueva palabra: sintiencia (*sentience*).

Con *sintiencia* nos referimos a la capacidad de experimentar amor y humillación, alegría y tristeza, placer y dolor... ese tipo de cosas. Algunas nos resultan positivas y nos *interesa* que ocurran, y otras son negativas y no nos *interesa* que ocurran.

¿Por qué usamos la palabra "sintiencia" en vez de la palabra "consciencia"? "Sintiencia" y "consciencia" son dos conceptos muy parecidos y en muchas ocasiones se ha utilizado y se utilizan como sinónimos. El motivo para usar una palabra diferente es la relevancia moral: de todas las experiencias conscientes muchas de ellas nos resultan indiferentes. Por muy apasionante que sea el concepto de consciencia, realmente las únicas experiencias que son relevantes son aquellas que implican estados positivos o negativos ya que, si una experiencia resulta indiferente, entonces será indiferente tenerla o no tenerla.

La sintiencia implica intereses. Dado que la sintiencia supone la posibilidad de tener experiencias que pueden ser positivas y/o negativas, los seres que sienten tienen *intereses*: interés en experimentar las primeras, pero no las segundas; interés en disfrutar e interés en no sufrir.

Por supuesto, no es posible satisfacer los intereses de todos. Muchos intereses son incompatibles. Por ejemplo, un león quiere comer a una gacela, mientras que la gacela no quiere ser comida. Esto es un problema. Estudiar la forma de dar respuesta a estos problemas es lo que se llama "ética" y cada paquete de soluciones concretas que propongamos la podemos denominar "moral".

Pero antes de ponernos a resolver problemas de ética sería adecuado determinar en primer lugar quiénes son los seres que tienen intereses. Tal vez muchos de estos intereses no sean del todo incompatibles, y podamos organizarnos. Pero sería muy interesante saber *entre quienes* tenemos que organizarnos.

Las preguntas que queremos responder en este libro son:

- ¿Quiénes son los seres que sienten?
- ¿Cómo podemos estar seguros de que lo hacen?
- ¿Por qué existe la sintiencia? ¿De dónde viene?
- ¿Tiene alguna utilidad?
- ¿Por qué es importante?

Vamos a empezar por la más fácil. ¿Por qué es importante?

¿Por qué es importante?

Si queremos que nos respeten o que nos ayuden, así como si nos parece que habría que respetar o ayudar a otros, lo importante con relación a este asunto es ser capaz de recibir daños o beneficios (por acción u omisión). Estos daños y beneficios se traducen en experiencias positivas y negativas. Si alguien (o algo) no tiene ni puede tener experiencias, no le importará si le respetamos o no, o si le ayudamos o no. Y si alguien (o algo) tiene experiencias, pero estas no son ni positivas ni negativas, sino que son siempre neutras, indiferentes, también le resultará indiferente lo que hagamos con relación a él. Por eso las experiencias son moralmente relevantes siempre que estas sean positivas o negativas.

Para distinguir todas estas posibilidades, yo empleo dos términos diferentes, que son *sintiencia* y *subjetividad*. Si a alguien no le gustan estos términos puede proponer otros.

Considero *sintiencia* la capacidad de tener sensaciones placenteras o dolorosas, lo que implica tener preferencias e intereses (evitar el dolor, buscar el placer). No existe duda de que la sintiencia tiene relevancia moral.

Considero *subjetividad* la capacidad de experimentar (en el sentido de tener experiencias). Dentro de experimentar incluyo la capacidad de sentir placer y dolor, pero también incluyo tener un punto de vista, ser alguien, percibir, tener una "consciencia".

Por ejemplo, si me miro al espejo y de pronto me doy cuenta de que mis ojos no son exactamente marrones como yo creía, sino de un color marrón verdoso, y esta información me resulta indiferente, estoy siendo simplemente "consciente" de esta información, y esto no tiene relevancia moral. Pero si además esto me produce una sensación positiva de alegría y felicidad o en cambio de tristeza y frustración, por el motivo que sea, estoy siendo "sintiente" y esta experiencia sí tiene relevancia moral.

Si alguien es sintiente, entonces es consciente, al menos de alguna forma[3]. Pero no necesariamente al revés. Es decir, alguien (¿un robot? ¿un virus? ¿un átomo?) podría ser un ser subjetivo, consciente, pero dentro del tipo de experiencias que tiene, podría ocurrir que ninguna fuera de tipo placer/dolor. Al menos conceptualmente podemos concebir la existencia de robots conscientes; que perciben; que tienen un punto de vista, pero a los que todo les da igual. También, por supuesto, podemos concebir la existencia de seres que sólo tienen experiencias negativas, y seres que sólo tienen experiencias positivas. Esta segunda posibilidad es realmente muy interesante[4].

En la terminología que yo empleo, por una parte, considero imposible tener dolor sin que alguien sea consciente (de alguna forma) de ese dolor. Si alguien siente (es *sintiente*),

---

[3] Esto es debatible y podemos definir consciencia como autoconocimiento, de forma que sea posible sentir sin ser consciente. En ese caso podríamos llegar a decir que, por ejemplo, bebés humanos y animales pueden sufrir sin ser conscientes de su sufrimiento. Pero obviamente el uso de esta terminología no disminuye en absoluto la relevancia moral que ese sufrimiento tenga intrínsecamente.

[4] hedweb.com

entonces alguien también es (de alguna forma) "consciente", aunque esto dependerá obviamente del tipo de definición que empleemos para la palabra "consciencia". En todo caso, una situación dolorosa podrá ser más o menos intensa en función de nuestro grado de comprensión de sus consecuencias, pero esto no resta relevancia moral a la experiencia dolorosa considerada aisladamente. Por ejemplo, el sufrimiento de los animales no humanos o de los bebés humanos es relevante en sí mismo aun cuando estos no entiendan muy bien lo que está ocurriendo.

Por otra parte, y siempre según estas definiciones, admito la posibilidad de ser "alguien" (ser subjetivo) sin sentir placer/dolor (sin ser sintiente). Es decir, admito la posibilidad de tener consciencia sin sentir placer ni dolor.

Frecuentemente, cuando menciono "placer" me estoy refiriendo en general a las experiencias subjetivamente positivas y con "dolor" me refiero a experiencias subjetivamente negativas. No importa si estas experiencias son muy básicas o muy sofisticadas. Si alguien me dice que no le interesa el placer sino la trascendencia, yo interpreto esto como un tipo muy sofisticado de experiencia positiva. Si alguien me dice que no le interesa el placer para sí mismo, sino para los demás, yo interpreto esto como un deseo de experiencias positivas para los demás, las cuales a su vez producirán una experiencia positiva en uno mismo: la satisfacción de haber colaborado en hacer felices a otros. Visto de esta forma, en todos estos casos estamos de acuerdo en que las experiencias positivas son deseables, ya sean sofisticadas o no, ya sean para uno mismo o para los demás.

Si queremos un mundo feliz y ayudar a otros seres a satisfacer sus intereses, o resolver situaciones en las que hay intereses que parecen incompatibles, o priorizar el prestar ayuda a los que más sufren, necesitamos saber primero quiénes son los seres que sienten, es decir, quienes son los seres sintientes.

¿QUIÉNES SON LOS SERES QUE SIENTEN?

Para responder a esta difícil pregunta propongo que empleemos tanto como sea posible el mejor método (o conjunto de métodos) que tenemos hasta la fecha para conocer la realidad. Ese método se conoce como "El método científico".

En relación con el método científico se manejan una serie de conceptos como son: hipótesis, prueba, falsación, demostración, evidencia, inducción, deducción, experimento, "prueba y error", refutación, capacidad predictiva, replicación, etc.

Tipos de evidencias. Fuente: Manu Herrán

Antes de nada, conviene aclarar a qué nos referimos con la palabra *científico* al hablar de *método científico*. Es una palabra que al menos a mí me evoca la imagen de Albert Einstein escribiendo en una pizarra o Marie Curie manejando tubos de cristal, balanzas y microscopios.

Es importante distinguir entre un científico *profesional* y un científico *metodológico*. En este contexto entenderemos científico como aquel que actúa según el "método científico", independientemente de su profesión.

Madame Curie.

El problema es que definir cuál es el método científico no es hacer ciencia, sino que es hacer filosofía. Y hay distintas opiniones acerca de cuál o cuáles son los métodos científicos.

De todas formas, sí que hay algunas cosas que podemos decir acerca del método científico que no solo gozan de gran respaldo y aceptación, sino que son tan evidentes y fundamentales que las podemos dar por buenas.

Un aspecto fundamental de la ciencia frente a otras formas de obtener conocimiento es el reconocimiento de la ignorancia, en un permanente escepticismo metodológico que siempre tiene en cuenta valorar la posibilidad de estar equivocados (tanto los demás como nosotros mismos). Se asume que la ciencia no establece certezas absolutas. La ciencia, en cambio, realiza afirmaciones soportadas por evidencias. A estas afirmaciones las podríamos llamar *verdades provisionales*. La humildad es clave en el método científico. Un auténtico científico siempre debería estar dispuesto a reconocer su error y cambiar de opinión ante la aparición de nuevas y mejores evidencias.

La ciencia también ofrece explicaciones, conectando sucesos y justificando los motivos de sus afirmaciones. Las teorías más probables junto con las mejores evidencias o pruebas producen las conclusiones más probables. Pero la actitud científica siempre debe estar alerta para cambiar de opinión en el caso de surgir nuevas evidencias o nuevas teorías que sean más razonables que las anteriores. Cuando los científicos profesionales no se comportan así están dejando de ser científicos metodológicos.

Por reducción al absurdo también podríamos decir que el método científico no puede consistir en mentir, tener favoritismos y ser ingenuo. Si un científico profesional oculta los resultados desfavorables de sus experimentos, y sólo reconoce los resultados favorables a su teoría, no diríamos que está siendo honesto ni científico. Aquel que solo escuche con detenimiento aquellos argumentos en favor de su ideología, ignorando los argumentos y evidencias en contra estará demostrando tener un favoritismo injustificado, anticientífico. Y si alguien cree en algo a pies juntillas, sin exigir evidencias, pruebas o explicaciones, estará siendo crédulo, lo cual tampoco parece corresponder con una actitud científica.

FUNDAMENTOS DEL MÉTODO CIENTÍFICO

Como consecuencia de lo anterior, creo que el método y la actitud científica están soportados en tres ideas básicas: la honestidad, la imparcialidad y el escepticismo.

Imaginemos que un equipo de investigación prueba un nuevo medicamento en un grupo de diez pacientes, de los cuales mueren seis, dos mejoran y dos se mantienen estables. Repite el experimento con otros diez pacientes y en este caso solamente fallecen cuatro, y todos los demás se mantienen estables. Repite el experimento una tercera vez y mueren todos. Repite el experimento una cuarta vez, con otros diez nuevos pacientes, y esta vez ninguno fallece, siete de ellos mejoran y tres se mantienen estables.

Entonces el equipo decide descartar los primeros tres experimentos y publicar únicamente los resultados del cuarto experimento, anunciando un 70% de efectividad y ningún efecto secundario. Por supuesto, el informe estará redactado en una hermosa jerga científica, con abundantes referencias, gráficos y todo el marketing científico al que estamos acostumbrados.

Es evidente que, en este caso, el equipo de investigación estaría siendo deshonesto. Aun cuando el informe del estudio de los diez últimos casos, tomado de forma aislada, pueda considerarse escrupulosamente científico, en realidad no lo es. La actividad puede ser descrita como "científica" desde un punto de vista profesional, pero no desde un punto de vista metodológico. El ejemplo que he descrito es obviamente una exageración y una caricatura, pero sería ingenuo pensar que este tipo de cosas nunca suceden.

Estas reflexiones son particularmente adecuadas para aproximarnos al asunto de la sintiencia, ya que, si bien muchas de las herramientas propias del método científico no vamos a poder emplearlas, sí que podemos abordar este problema siendo estrictamente rigurosos en sus fundamentos: honestidad, imparcialidad y escepticismo.

Un poco de historia

Es muy difícil ser honestos e imparciales, pero ser escépticos puede ser más difícil todavía. Hacer un pequeño repaso por las creencias que hemos tenido a lo largo de la historia nos ayudara a poner en contexto nuestras creencias actuales y desarrollar una actitud sanamente escéptica.

No hace mucho que los seres humanos adorábamos al sol. El dios sol ofrecía una explicación sencilla y aparentemente válida sobre las cosas que ocurrían. El sol determinaba las cosechas y en definitiva toda la vida. Era razonable pensar que, desde su inalcanzable altura, el sol regía el curso de los acontecimientos.

La mayoría de los seres humanos hemos creído en dioses. Los relatos divinos eran capaces de explicar cualquier cosa. Por ejemplo, la epilepsia ha sido considerada históricamente la "enfermedad sagrada" por su relación con estados alterados de conciencia, que a su vez eran vinculados a una fuerte religiosidad y misticismo. Afortunadamente, hoy en día tenemos una explicación científica de su origen, la cual incluye factores hereditarios, lesiones, tumores e intoxicación, entre otros.

Stele of Lady Taperet. Painted wood, 10th - 9 th century BCE (22nd dynasty).
Fuente: wikimedia.org

Ya no es necesario invocar un componente sobrenatural para explicar los episodios. La epilepsia no tiene un origen divino y no es consecuencia de ningún pecado. Especialmente desde el siglo XVII, el racionalismo primó el uso de la razón frente a otras consideraciones como la superstición, el mito, la intuición, la autoridad o la fe. El avance técnico que supuso este nuevo enfoque científico fue extraordinario. Paralelamente, y también como reacción al pensamiento medieval, surgió el empirismo que defiende como conocimiento válido aquel que es obtenido a partir de los sentidos.

Teocentrismo y antropocentrismo

De esta forma, y tras el éxito de la cosmovisión teocéntrica, se produjo una transición del teocentrismo al antropocentrismo, que aún vivimos. El hombre pasó a considerarse "medida y referencia de todas las cosas", como ya decía Protágoras hace muchos siglos, en el sentido de que todo lo relevante lo es porque es relevante para los miembros de la especie humana.

El antropocentrismo supuso un gran avance moral, al incluir dentro del círculo moral a todos los seres humanos. Podríamos decir que el evento más representativo del antropocentrismo es la Declaración Universal de los Derechos Humanos. Este es un gran avance moral porque incluye dentro del círculo moral no solo a los hombres ricos y poderosos, sino también a los parias, a los esclavos, a las mujeres, a los niños y a los vencidos en combate, que durante mucho tiempo han tenido una consideración más o menos de propiedad.

De esta forma hemos pasado de la idea de "Sólo los de mi tribu merecen consideración moral" a "Sólo los humanos merecen consideración moral". La tribu es una versión extendida de la familia. Las tribus, con la ayuda de sus dioses, se enfrentan a otras tribus en conflictos en los que los vencidos son tomados como esclavos. Las mujeres y los niños son considerados parte del botín. Pero todo esto queda superado con el antropocentrismo, que afirma que todos los seres humanos, independientemente de su condición, son sujetos merecedores de derechos. El avance es extraordinario y debemos felicitarnos por ello. Es una de las mejores cosas que han ocurrido en nuestra historia (la de los humanos).

¿POR QUÉ SOLO LOS HUMANOS?

Si nos preguntaran por qué creemos que otros seres humanos merecen respeto, tal vez contestemos que es "porque son humanos". Pero la verdad es que esto no aclara nada. Es como si nos preguntaran: "¿Por qué te gusta el chocolate?" y contestáramos "Porque es chocolate". Si reflexionamos un poco más sobre la pregunta, tal vez digamos que nos sentimos identificados con otros humanos, tenemos empatía por ellos, vemos que sienten y sufren como nosotros. Y que, si estuviéramos en su lugar, también nos gustaría que nos respetaran y nos ayudaran.

Precisamente por estas razones, el círculo moral ha seguido ampliándose más allá de los humanos. Mucha gente se ha dado cuenta de que no sólo los humanos merecen consideración moral, sino también los animales no humanos. Decimos "animales no humanos" en vez de simplemente "animales", ya que los humanos también somos animales.

¿Y por qué merecen consideración moral los animales no humanos? Por el mismo motivo que merecen consideración moral los animales humanos: porque son capaces de sentir. Porque tienen intereses. ¿Y cómo lo sabemos? Lo sabemos, entre otras cosas que en este libro exploraremos, porque vemos que sienten y sufren como nosotros. Hay muchas especies animales que se nos parecen mucho, como los grandes simios (chimpancés, bonobos, gorilas y orangutanes). También en otros mamíferos como perros y gatos somos capaces de observar comportamientos y emociones que nos resultan muy familiares, como alegría, tristeza, celos o miedo. Si observamos con cierto interés su comportamiento podremos fácilmente identificar sus emociones y sentir empatía por ellos.

Descartes

Pero esto no ha sido siempre así. Se dice de Descartes (1596-1650), que consideraba a los animales no humanos como máquinas insensibles, llegando a pensar que los chillidos de un cerdo mientras le diseccionaban vivo no eran más que respuestas mecánicas como las de un mecanismo de relojería que necesita ser engrasado, sin un "alguien" que esté experimentando subjetivamente este sufrimiento. (*"Animals are nothing more than unconscious machines. Lacking consciousness, they lack reason or language."*). Aunque también pensó que los cuerpos de los humanos obedecían a las mismas reglas (*"The bodies of animals and men act wholly like machines and move in accordance with purely mechanical laws"*[5]), en el caso de los humanos consideraba que había una diferencia, el alma, exclusivamente humana, lo que se interpreta como un "dualismo" pero exclusivamente propio de seres humanos.

Algunos académicos consideran que Descartes no negaba la capacidad de sentir de los animales (*"Descartes did not dev corollary of animal insensitivity"*[6]; *"Descartes did not deny the distinction between living and nonliving, but he did redraw the line between ensouled and unensouled beings"*[7]) pero siendo defensor y practicante de la vivisección, sus argumentos fueron empleados para defenderla, así como para defender la idea de matar y comer animales.

---

[5] Huxley, 1874

[6] jstor.org/stable/2220217?seq=1#page_scan_tab_contents

[7] plato.stanford.edu/entries/descartes/

Portrait of René Descartes. Fuente: wikimedia.org

"Descartes himself practiced and advocated vivisection (Descartes, Letter to Plempius, Feb 15 1638), and wrote in correspondence that the mechanical understanding of animals absolved people of any guilt for killing and eating animals. Mechanists who followed him (e.g. Malebranche) used Descartes' denial of reason and a soul to animals as a rationale for their belief that animals were incapable of suffering or emotion, and did not deserve moral consideration — justifying vivisection and other brutal treatment (see Olson 1990, p. 39–

> 40, for support of this claim). The idea that animal behavior is purely reflexive may also have served to diminish interest in treating behavior as a target of careful study in its own right."[8]

Es interesante señalar que habitualmente empleamos la expresión "máquina" o "robot" para referirnos a un objeto sin capacidad de sentir, de la misma manera que a veces empleamos la palabra "animal" para referirnos a alguien basto, sin criterio ni habilidad. Sin embargo, hay animales más inteligentes que bebés humanos[9], capaces de resolver problemas mucho mejor que ellos.

Creo que es preferible emplear la palabra "máquina" o "robot" sin asumir implícitamente que las máquinas no sienten o que los seres que sentimos no somos máquinas. Por eso no digo que "se dice que Descartes consideraba a los animales no humanos como máquinas", sino como "máquinas insensibles".

Qué difícil es desaprender

Hemos estado muy equivocados en el pasado y hemos cometido errores terribles por creer en ideas que eran muy

---

[8] plato.stanford.edu/entries/consciousness-animal/

[9] igualdadanimal.org/blog/la-inteligencia-de-los-cerdos-comparable-la-de-elefantes-o-delfines

intuitivas (como que el sol es un dios) o que provenían de muy respetados científicos.

Aristóteles pensaba que el corazón era el órgano inteligente desde el cual se controlaba el cuerpo. Los embalsamadores egipcios conservaban cuidadosamente el corazón, pero retiraban el cerebro de los cadáveres, considerándolo una masa gelatinosa sin mayor importancia[10]. Ahora sabemos que no es el corazón sino el cerebro, y más precisamente, el sistema nervioso, aquello que permite la existencia de un "yo", una consciencia, una identidad capaz de sentir y amar. Y sin embargo todavía hoy usamos la palabra "corazón" para referirnos a las emociones y sentimientos más profundos.

En los escritos de Descartes (siglos XVI y XVII) se compara el funcionamiento del cerebro con las tuberías y mecanismos de las fuentes de los jardines de Luis XIV (el Rey Sol) en Versalles. El filósofo consideró la glándula pineal —ubicada en la base del cerebro— como alojamiento del alma, punto de reunión entre mente y cuerpo.

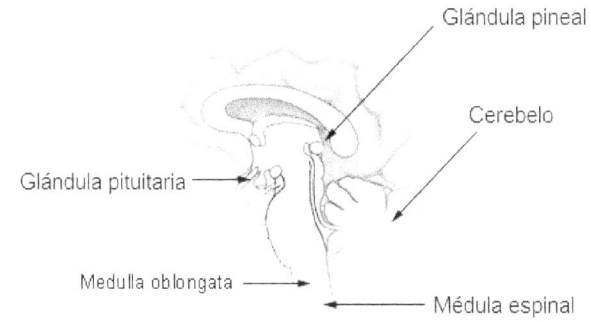

Fuente: wikimedia.org

---

[10] es.wikipedia.org/wiki/Momificación_en_el_Antiguo_Egipto

Galeno, seguramente el médico más famoso de todos los tiempos, trabajó varios años en Roma como médico de gladiadores (Siglo II), y sin duda fue testigo de todo tipo de traumatismos cerebrales, así como de sus consecuencias. Desarrolló la teoría ventricular, basada en el sistema de cavidades del encéfalo, deduciendo que las lesiones que llegaban a alcanzar los ventrículos privaban de diversas capacidades, ya fueran intelectuales, motoras o sensoriales.

La verdad es que Galeno no andaba muy desencaminado. A continuación, se muestra el resultado de una "imagen fMRI" (imagen por resonancia magnética funcional) en la que se observan cuatro redes funcionales: visual (amarillo), sensitiva / motora (naranja), ganglios basales (rojo) y la "red por defecto" (marrón). Esta "imagen" se obtiene introduciendo a una persona en una máquina y pidiéndole que realice diversas actividades mentales mientras se comprueba como la actividad mental influye en el cerebro.

Galenus. Fuente: wikipedia.org

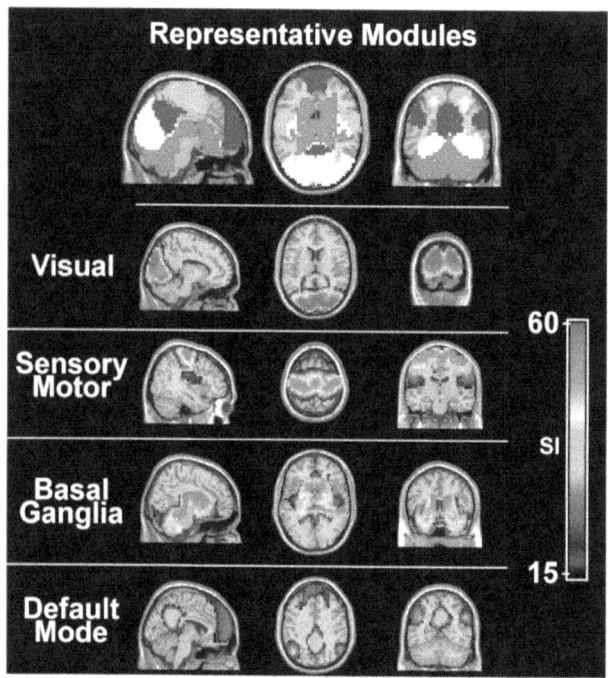

Resting State Models. Fuente: wikimedia.org

El éxito de Galeno en su posteridad fue tan absoluto que en el siglo XVI todavía se enseñaba la medicina de Galeno sin molestarse en comprobar sus afirmaciones, lo cual es justo lo contrario del pensamiento científico, que debe ser crítico, es decir, escéptico. Debido a que en la antigua Roma la disección de cadáveres humanos estaba prohibida, Galeno realizó estudios diseccionando animales como cerdos o monos, lo que condujo a que tuviera ideas equivocadas sobre el cuerpo humano.

> "In the sixteenth century, professors in European medical schools simply read a book by the ancient Greek physician Galen aloud while a surgeon showed students the relevant parts from the corpse of an

executed criminal. The professors would never look at the cadavers, and the students barely would, because it was believed that everything worth knowing was in Galen's book.

Andreas Vesalius (1514-1564), a young medical professor, began dissecting [human] *corpses himself only to find that Galen was often very wrong. In Galen's culture, dissecting a human was taboo, and Vesalius finally determined that Galen had never dissected one! Vesalius made it his life's work to dissect human cadavers, and show medical students how the human body was actually structured rather than relying on ancient Greek texts.*

Now, in part because of Vesalius, you live in a world of science-based and observation-based medicine. If you get sick, you will be treated with the best science has to offer, instead of with humors and leeches. Aren't you glad?"[11]

---

[11] study.com/academy/lesson/dissection-techniques-alternatives.html

RICHARD DAWKINS

Afortunadamente, los científicos modernos consideran sin ninguna duda que los animales no humanos sienten. Algunos como Richard Dawkins llegaron a pensar que incluso podrían sentir más intensamente que los humanos, y que prácticas como la castración sin anestesia[12] o las corridas de toros deben ser consideradas como moralmente equivalentes a los mismos actos realizados sobre seres humanos.

> *"Would you expect a positive or a negative correlation between mental ability and ability to feel pain? Most people unthinkingly assume a positive correlation, but why?*
>
> *Isn't it plausible that a clever species such as our own might need less pain, precisely because we are capable of intelligently working out what is good for us, and what damaging events we should avoid? Isn't it plausible that an unintelligent species might need a massive wallop of pain, to drive home a lesson that we can learn with less powerful inducement?*
>
> *At very least, I conclude that we have no general reason to think that non-human animals feel pain less acutely than we do, and we should in any case give them the benefit of the doubt. Practices such as branding cattle, castration without anaesthetic, and bullfighting should be treated as morally equivalent to doing the same thing to human beings."*[13]

---

[12] rtve.es/noticias/20091204/77-cerdos-europeos-son-castrados-sin-anestesia/304312.shtml
[13] Richard Dawkins. Science in the Soul: Selected Writings of a Passionate Rationalist boingboing.net/2011/06/30/richard-

Richard Dawkins. Fuente: wikimedia.org

En los últimos años la neurociencia ha estudiado la geografía del cerebro, descubriendo que las áreas que distinguen a los humanos del resto de los animales (que sí que las hay) no son las que producen la capacidad de sentir. Se deduce que los animales poseen sintiencia porque las estructuras cerebrales responsables de los procesos que generan la sintiencia son equivalentes en los humanos y en otros animales.

---

dawkins-on-v.html

Esto quedó establecido en lo que se considera un hito importante en la consideración moral de los animales y en el reconocimiento de su capacidad de sentir, que es la Declaración de Cambridge de 2012.

Declaración de Cambridge

Los científicos reunidos en Cambridge reconocieron que ni el *neocórtex* (que es la parte más moderna de la corteza cerebral, específica de homínidos como los humanos) ni la *corteza cerebral* (que únicamente existe en mamíferos) son estructuras cerebrales necesarias para la capacidad de sentir. De esta manera, los animales en general, incluyendo no sólo los mamíferos, sino también los peces, las aves, todos los vertebrados e incluso los invertebrados, poseen los sustratos neurológicos necesarios para generar la capacidad de sentir.

> *«Decidimos llegar a un consenso y hacer una declaración para el público que no es científico. Es obvio para todos en este salón que los animales tienen conciencia, pero no es obvio para el resto del mundo. No es obvio para el resto del mundo occidental ni el lejano Oriente. No es algo obvio para la sociedad.»*
>
> — Philip Low, en la presentación de la Declaración de Cambridge sobre la Conciencia
>
> 7 de julio de 2012.

> *«De la ausencia de neocórtex no parece concluirse que un organismo no experimente estados afectivos. Las evidencias convergentes indican que los animales no humanos tienen los sustratos neuroanatómicos, neuroquímicos, y neurofisiológicos de los estados de la conciencia junto con la capacidad de exhibir conductas intencionales. Consecuentemente, el grueso de la evidencia indica que los humanos no somos los únicos en poseer la base neurológica que da lugar a la conciencia. Los animales no humanos, incluyendo a todos los mamíferos y pájaros, y otras muchas criaturas, incluyendo a los pulpos, también poseen estos sustratos neurológicos.»*
>
> — Cambridge University, UK.

La corteza cerebral o "córtex" es el tejido nervioso que cubre la superficie de los hemisferios cerebrales, y que alcanza su máximo desarrollo en los primates. Consiste en una delgada capa de "materia gris" o "sustancia gris", que en humanos puede tener hasta seis diferentes capas de espesor, y que se encuentra por encima de la "materia blanca" o "sustancia blanca". En la siguiente fotografía se presenta un corte de un cerebro en el que se observa perfectamente la diferencia entre la materia blanca y la materia gris.

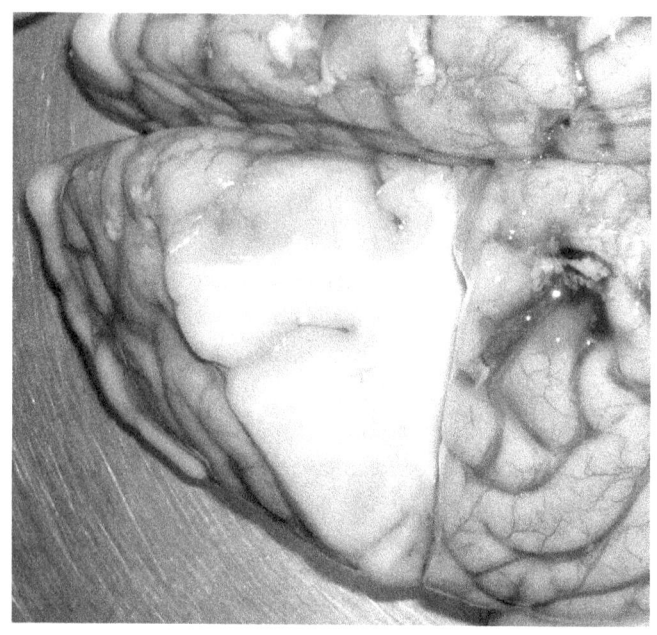

Human brain (cerebro humano). Fuente: wikimedia

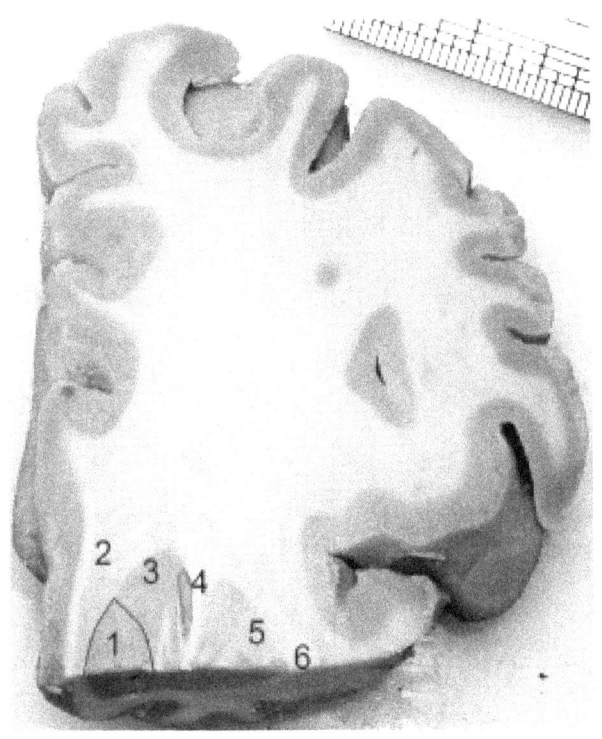

Formalin-fixated human brain2. Fuente: wikimedia

Dentro de la corteza cerebral podemos distinguir diferentes capas, hasta seis. Se considera que cada una de las capas de la corteza cerebral corresponde a un momento evolutivo diferente, desarrollándose, a medida que evolucionaron las especies, primero las capas más profundas, y después las más externas. Las especies con cerebros más desarrollados, como la especie humana, presentan un mayor número de capas. A las capas más externas del córtex en estos cerebros más desarrollados (con mayor número de capas) se les denominan "neocórtex".

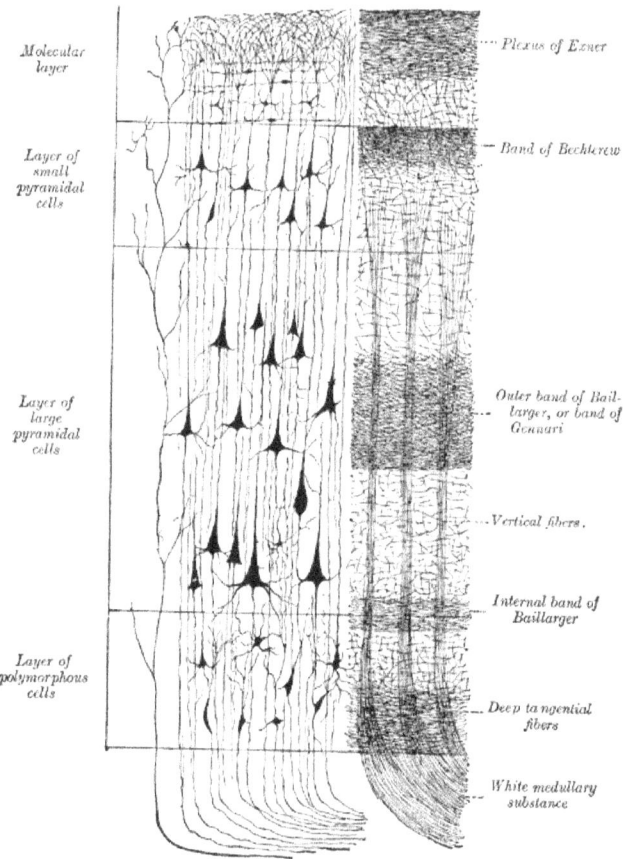

Gray754. Fuente: wikimedia

HUMAN BRAIN PROJECT

En 2015, Javier de Felipe, co-director del Human Brain Project (HBP) –también conocido como "Blue Brain" o "Cajal Blue Brain" – mencionó que *"Descartes estaba equivocado. Los animales no son máquinas. O si lo fueran, nosotros también lo seríamos"*. Es decir, Javier de Felipe reconoce la posibilidad de que tanto los humanos como los animales no humanos seamos máquinas, pero máquinas con capacidad de sentir.

> *"El principal objetivo del HBP es obtener simulaciones detalladas, desde el punto de vista biológico, del cerebro humano completo, así como desarrollar tecnologías de supercomputación, modelización e informáticas para llevar a cabo dicha simulación".*[14]

Javier de Felipe destacó que a medida que conocemos mejor el cerebro, éste va perdiendo su componente mágico y misterioso. Al entender cómo funciona; al ser cada vez más predecible, lo vemos como una "máquina". Desde esta perspectiva, tanto los humanos como el resto de los animales somos máquinas, seguramente producidas por la evolución.

Es interesante el fenómeno de atribuir cualidades mágicas o ultra-materiales –metafísicas– (como la conciencia, la sintiencia o la voluntad) a aquello que no entendemos bien, y negarlas en aquello que sí entendemos. Esto puede producir un agravio comparativo.

Por ejemplo, las hormigas puedes parecernos unos seres tontos y predecibles, con comportamientos mecánicos, y de ellos podríamos deducir que no sienten. Pero exactamente lo mismo le ocurriría a un supuesto extraterrestre super-

---

[14] humanbrainproject.eu

inteligente y super-sensible hacia nosotros: le pareceríamos seres estúpidos y predecibles. Y tal vez, también insensibles.

¿HUMANOS COMO HORMIGAS?

Supongamos que con los avances desarrollados en neurociencia, con el proyecto "Blue Brain" (Cajal Blue Brain / Human Brain Project) en Europa, promovido por Henry Markram, o con el proyecto Brain[15] en USA liderado por Rafael Yuste, fuéramos capaces de entender y predecir perfectamente el comportamiento del sistema nervioso central de un animal cuya complejidad fuera inferior a la humana, como por ejemplo una hormiga (250.000 neuronas) o una rana (16 millones de neuronas), ¿deduciríamos que la rana o la hormiga no tienen conciencia, ni sintiencia ni voluntad?

Cambiemos ahora de perspectiva: si un extraterrestre super-inteligente, cuyo cerebro tuviera, digamos, por ejemplo, 500 billones de neuronas (teniendo nosotros los humanos "solamente" 86 mil millones de neuronas), fuera capaz de entender perfectamente el comportamiento de nuestro sistema nervioso humano y hacer predicciones fiables sobre él ¿debería deducir que el humano no tiene conciencia ni sintiencia ni voluntad?

---

[15] braininitiative.nih.gov

El paradigma emergentista evolutivo

Una de las formas más populares de explicar de dónde viene la capacidad de sentir es el paradigma emergentista evolutivo. Según esta explicación, la sintiencia emerge del cerebro. El cerebro es un órgano complejo que procesa información y que es resultado de la evolución. Para sentir es necesario disponer de un órgano inteligente —como el cerebro— cuya misión es coordinar un cuerpo, siendo todo ello resultado de un proceso evolutivo en un entorno de recursos escasos, en el que existe nacimiento, desarrollo, reproducción (con entrecruzamiento y mutaciones) y muerte.

Afortunadamente para los animales, el paradigma emergentista evolutivo reconoce su sintiencia, aunque con excepciones: se considera que aquellos animales que no tienen neuronas, como las esponjas, no sienten, a pesar de pertenecer al reino animal.

Por otra parte, algunos ponen en duda la sintiencia (o al menos, el *nivel* de sintiencia) de aquellos animales que tienen muy pocas neuronas, como las medusas (algo más de 5.000), o incluso las hormigas, a pesar de tener unas 250.000. Pero prácticamente nadie pone en duda la sintiencia de las ranas (16 millones), pulpos (500 millones), perros (2.200 millones), humanos (86.000 millones) o elefantes africanos (con nada menos que 267.000 millones de neuronas en el sistema nervioso completo.

Animal	Neuronas
Esponja	0
Medusa	5.600
Caracol	11.000
Mosca	250.000
Hormiga	250.000
Abeja	960.000
Cucaracha	1.000.000
Rana	16.000.000
Ratón	71.000.000
Pulpo	500.000.000
Gato	760.000.000
Perro	2.253.000.000
Macaco	6.376.000.000
Humano	86.000.000.000
Elefante africano	267.000.000.000

Número de neuronas en el sistema nervioso completo. Tabla: Manu Herrán. Fuente de los datos: wikipedia

El elefante africano es el animal con el mayor número de neuronas. Acuarela: Adriana F. Caiaffa

Bajo un prisma emergentista evolutivo "Ética Animal" identifica tres tipos de criterios para reconocer la sintiencia, que son los fisiológicos, los conductuales y los evolutivos[16]. Veremos que, curiosamente, los tres fundamentos son

[16] animal-ethics.org/sintiencia-seccion/sintiencia-animal/criterios-reconocer-sintiencia

diferentes formas de reconocer el *parecido* de otros animales con nosotros mismos.

Fundamentos fisiológicos, conductuales y evolutivos

¿Cómo reconocer cuáles son los seres que experimentan placer y dolor? Empecemos por lo más básico. Mi propia capacidad de experimentar sensaciones es un hecho. Todo lo demás puede considerarse una hipótesis más o menos fiable. Pero "Yo siento". De eso estoy seguro.

Cada uno de nosotros tiene una absoluta seguridad acerca de su propia capacidad de experimentar placer y dolor. "Yo siento" es evidente. ¿O acaso podría no serlo? ¿Y si la sintiencia fuera una ilusión? Al fin y al cabo ¿qué es "yo"? ¿Y si el "yo" fuera una ilusión?

El "yo" parece un concepto dinámico, continuo: llamamos "yo" a aquello que va desde mi concepción hasta mi muerte. Sin embargo, el "yo" es "ahora": Mi "yo" de hace quince o cuarenta años me resulta tan ajeno como un familiar muy cercano. Podría verme y no reconocerme, como quien ve una fotografía antigua de sí mismo. La idea de que en cada instante somos un ser diferente se suele llamar "individualismo vacío[17]".

---

[17] manuherran.com/individualismo-vacio-abierto-y-cerrado

¿Y si todos mis recuerdos de placeres y dolores pasados fueran falsos? ¿Y si, además, ahora mismo, no sintiera nada de nada? Si bien pudiera parecer que no lo hago todo el tiempo (el sentir), más bien, lo que ocurre es que no soy continuamente consciente (o más bien, no soy plenamente consciente) de estar experimentando alguna sensación. La mayor parte del tiempo, afortunadamente, no pienso en ello (o pienso más en otras cosas que en mis propias sensaciones).

Si en el momento de leer este texto, el lector está sintiendo algún tipo de placer o dolor, ahí tiene la prueba de "yo siento". En caso contrario, puede hacer consciente alguna sensación por tenue que sea. Por ejemplo, concentrarse en el acto de comer o respirar (como actividad placentera) o en alguna parte del cuerpo que moleste, aunque sea mínimamente.

En resumen, independientemente de lo que entendamos que es el "yo"; e incluso independientemente de que consideremos que "yo" es algún tipo de "ilusión", hay un "alguien" que siente (una subjetividad: yo), y eso es un hecho.

Ya hemos encontrado el primer individuo que siente: "yo". Continuemos.

Aspecto similar y comportamiento similar

Hemos dicho que "yo siento" y que estoy completamente seguro de ello. Yo tengo infinidad de características o aspectos con los que podría describirme. Imaginemos que hacemos una lista de mis características. Entre ellas estará mi capacidad para sentir placer y dolor.

Ahora supongamos que me encuentro con otro ser que es parecido a mí. Mediante mis sentidos puedo captar multitud de características de este otro ser. ¿Sentirá placer y dolor? A medida que encuentre más y más características coincidentes entre ese ser y yo, podría considerar que otras características de las que no tengo conocimiento serán probablemente también coincidentes. Este razonamiento tiene tanto más peso cuantas más similitudes encuentre entre ese ser y yo.

Como analogía: también podemos listar todas las características del planeta Tierra, y en el caso de encontrar otro planeta para el cual todas las características que identifiquemos resulten ser similares a las de Tierra, podríamos concluir que otras nuevas características aún ocultas serán más probablemente similares a las de Tierra que si el resto de las anteriores características no hubieran coincidido.

Me parece que tiene sentido este razonamiento, que recuerda a la interpolación matemática y al método inductivo. Si ciertas características que vemos son coincidentes, es probable que otras que no vemos también lo sean.

Si hubiera crecido entre animales no humanos y nunca hubiera visto otro ser humano y de pronto viera uno, me quedaría impresionado de la cantidad de similitudes que tiene conmigo, y a medida que encontrara similitudes sin parar, supondría que otras características ocultas también lo serán con una alta probabilidad.

Si bien es cierto que todo esto por sí sólo no ofrece una enorme confianza. El planeta que descubramos podría darnos obviamente muchas sorpresas. Y al igual que el joven personaje Mowgli en la ficción "El libro de la selva", cuando conoce al primer humano, la preciosa Shanti, los parecidos no proporcionan seguridad en ciertas características importantes: ella es una *niña*.

Podemos incrementar nuestra confianza en la existencia de sintiencia en otro ser al comprobar que no solamente tiene un aspecto parecido a nosotros, sino que su comportamiento también es similar, respondiendo de la misma forma que yo ante los mismos estímulos.

Por ejemplo: no solo parece asustado y hace los mismos gestos y movimientos que hago yo cuando estoy asustado: es que también los hace precisamente a continuación de recibir los mismos estímulos que me asustan a mí.

Cuando se da esta combinación, asignamos aun mayor probabilidad a la experiencia subjetiva sintiente del otro.

Ahora bien, siguen estando abiertas otras posibilidades:

- Que los otros seres no sientan, aun siendo de aspecto similar y comportándose de forma similar ante los mismos estímulos. Debemos admitirlo como posible, aunque poco probable: fruto de un engaño deliberado o de una gran casualidad.
- Que otros seres también sientan, aun cuando no sean parecidos, aun cuando no tengan comportamientos similares, aun cuando aquello que les pueda estimular sea totalmente diferente de lo que me estimula que a mí.

Esta segunda posibilidad es mucho más probable que la anterior. Debemos reconocer el riesgo de que esté ocurriendo aquí algo parecido al principio antrópico[18], algo a lo que podemos llamar "el efecto de la farola encendida": si voy por la calle y de noche pierdo las llaves del coche, primero busco debajo de la farola ¿Por qué? Porque ahí hay más luz.

Asignar una gran probabilidad a la existencia de experiencia sintiente en seres parecidos a nosotros es correcto, pero lo contrario (asignar falta de sintiencia a los seres que son diferentes) me parece injusto para los seres que son bien diferentes. Si una hormiga hiciera las mismas reflexiones, podría concluir que un pulgón es seguramente tan sintiente como ella, la hormiga. Y a los humanos y a los osos podría considerarnos no sintientes, por ser demasiado grandes, o incluso no considerarnos ni siquiera "seres" sino más bien "fenómenos".

---

[18] es.wikipedia.org/wiki/Principio_antr%C3%B3pico

En mi opinión, en la sintiencia se está produciendo algo parecido al "efecto de selección" o sesgo muestral[19], o sesgo de selección[20]. Por ejemplo, Nick Bostrom[21] menciona que a pesar de que los exoplanetas que hemos descubierto son gigantes, no era de esperar otra cosa, ya que los métodos que empleamos para observarlos dificultan la detección de planetas pequeños. Otro ejemplo clásico es una encuesta realizada por teléfono, la cual obviamente sólo llega a individuos que tienen teléfono, estando ausentes las opiniones de aquellos que no quieren o no pueden permitirse ese gasto[22].

Todos los argumentos que se emplean habitualmente para reconocer la sintiencia están basados en algún tipo de "parecido" o "cercanía" con uno mismo: mismo aspecto, mismo comportamiento, parecido o cercanía genética / evolutiva, misma utilidad, misma necesidad. Todos son "parecidos". Así es cómo reconocemos, de hecho, la sintiencia en otros seres. ¿Por qué lo hacemos así? La respuesta está en este "principio de la farola encendida". Lo hacemos así porque *podemos* hacerlo así. Si hemos perdido las llaves en la calle, de noche, primero las buscamos donde hay luz, porque donde hay luz, podemos ver. Esto no quiere decir que debajo de la farola sea el lugar más probable donde *estén* las llaves. En cambio, debajo de la farola es el lugar más probable donde podremos *encontrar* las llaves. Y es perfectamente posible que el universo esté lleno de llaves que aún no logramos entender.

---

[19] es.wikipedia.org/wiki/Sesgo_muestral

[20] es.wikipedia.org/wiki/Sesgo_de_selecci%C3%B3n

[21] nickbostrom.com/extraterrestrial.pdf

[22] wiki.lesswrong.com/wiki/Observation_selection_effect

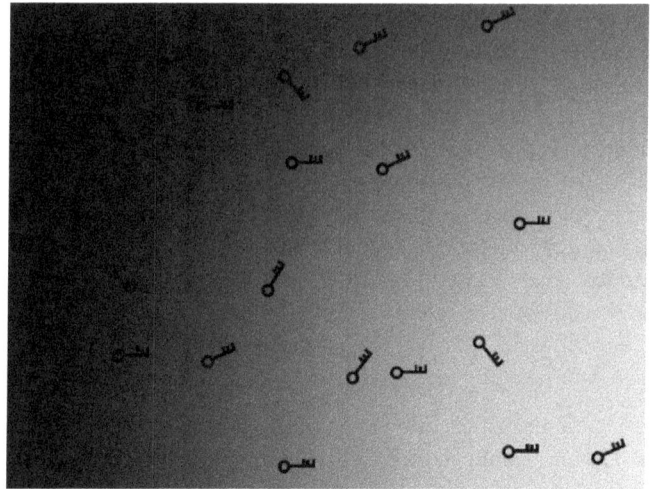

¿Cómo afinar aún más las probabilidades? Al igual que cuando interpolamos valores en una serie matemática, conocer el significado de la serie será de mucha ayuda para asignar probabilidades a los valores interpolados. Es decir, me interesa conocer más acerca de ese otro individuo que se me parece. La pregunta relevante ahora es la siguiente: "¿Por qué se parece a mí y se comporta como yo?"

Mismo origen (evolutivo) y proximidad genética

Si dos cosas son similares, es razonable considerar la posibilidad de que tienen un mismo origen, que hayan sido creadas a partir del mismo "molde".

Afortunadamente, tenemos buenas teorías acerca de quiénes somos y de dónde venimos los seres vivos, y de entre ellos, los animales, y de entre ellos, los seres humanos, y de entre ellos, yo. Y también tenemos buenas teorías acerca del origen de los planetas.

La teoría de la evolución es una buena explicación de nuestro origen (el de los seres vivos, el de los animales, el de los humanos, el mío).

La teoría de la evolución maneja el concepto de especie que, si bien es un concepto algo difuso, sin límites bien definidos, me sirve para clasificar a muchos seres cuya apariencia y comportamiento es similar al mío, como "iguales a mí" por pertenecer a la misma especie (la mía).

Además, la teoría de la evolución incluye el concepto de proximidad genética. El estudio del genoma nos da pistas acerca de si por ejemplo estamos evolutivamente más próximos a la rata que a la vaca (estamos más próximos a la rata)[23].

Por tanto, si al argumento del "aspecto similar y el comportamiento similar", sumo el argumento de pertenecer a la misma especie (por tener el mismo origen evolutivo) o pertenecer a una especie diferente, pero relativamente próxima evolutivamente / genéticamente, tanto más seguro estaré de la capacidad de sentir de ese otro ser.

Éste es por tanto un mecanismo para reconocer la sintiencia, complementario al anterior y basado en parecidos ("cercanías") entre especies. En resumen: dado que yo siento, y tengo una buena teoría acerca de mi propio origen, pienso que seguramente también sientan, y lo hagan de forma

---

[23] mayormente.com/hombres-vacas-y-ratas-casi-iguales/

parecida, otros seres con origen evolutivo (y origen evolutivo similar) y tanto más cuanto más próximos (parecidos) a mí sean, genéticamente hablando. Por eso tiene sentido decir que los animales, en general, son sintientes. No porque sean "animales", sino porque son similares en su origen (evolutivo) y próximos (genéticamente) a mí, más que, por ejemplo, las plantas.

Utilidad o necesidad (utilidad evolutiva)

Hasta aquí hemos presupuesto la sintiencia en seres parecidos a mí, ya sea por parecidos más evidentes (aspecto, comportamiento) o menos evidentes (origen evolutivo y proximidad genética). Mediante un razonamiento inductivo similar a la interpolación y a la extrapolación (el razonamiento analógico[24]), establezco una regla general a partir de casos particulares. En el primer caso ("Aspecto similar y comportamiento similar") a partir de casos particulares de propiedades de tipo "aspecto" y "comportamiento" que se parecen a los míos, establezco una regla general, presuponiendo otra propiedad, la sintiencia, en dicho individuo. En el segundo caso, ("Origen evolutivo y proximidad genética") incluyo la teoría de la evolución y aplico un razonamiento similar al anterior, también basado en la cercanía y el parecido, pero en vez de aplicarlo interpolando propiedades entre individuos como he hecho en el primer caso, en este segundo caso lo aplico interpolando propiedades entre especies, teniendo en cuenta las distintas

---

[24] es.wikipedia.org/wiki/Razonamiento_por_analog%C3%ADa

posibilidades en relación al origen de ambos individuos (yo y el otro), de forma que, por ejemplo, si la especie del otro es parecida (cercana) a la mía, supongo que sentirá de forma parecida a la mía, tanto más cuando más parecida/cercana sea su especie en relación a la mía.

A medida que aplicamos estas técnicas para identificar la sintiencia en otros individuos, podemos encontrar una serie de aspectos coincidentes, una suerte de correlaciones: los individuos a los que llamo sintientes tienen ojos, tienen un cerebro, muestran un comportamiento inteligente, parecen conscientes de sí mismos, se reconocen en un espejo, etc.

Ahora vamos a ver cómo tal vez no haga falta ser parecidos o "próximos" en aspecto o en especie. Puede ser suficiente con ser "parecidos" o "próximos" en cuanto a la *utilidad* de la sintiencia.

Vamos a dar un paso más y utilizando de nuevo la teoría de la evolución, profundizando en el motivo de la sintiencia: ¿es útil? ¿sirve para algo? Es muy posible que así sea. Asumiendo esta hipótesis (muy popular) podríamos considerar que en el caso de todos los tipos de seres para los cuales la sintiencia pudiera ser relevante, ésta se haya visto seleccionada evolutivamente, y por tanto sean sintientes.

Así ocurre en el caso del pulpo, que es un ser muy inteligente, lo consideramos muy sintiente y sin embargo es muy diferente de nosotros, en cuanto a aspecto, comportamiento y distancia evolutiva. Lo mismo ocurriría con unos imaginarios seres extraterrestres tecnológicamente super avanzados que viniesen a la Tierra para conquistarla y esclavizarnos. Seguramente los consideraríamos seres sintientes, simplemente por su inteligencia, aun cuando su fisiología, comportamiento y origen evolutivo fuera muy diferente al nuestro.

Es decir, podemos establecer una correlación entre sintiencia e inteligencia, asignando a la sintiencia una utilidad. Desde este planteamiento, la respuesta a la pregunta "¿Quiénes son los seres que sienten?" sería algo así:

La mejor respuesta que tengo es que los animales con sistema nervioso central, es decir con algún tipo de "cerebro" (pueden ser varios cerebros, y no tienen por qué ser muy grandes), son los seres que sienten. Y que la intensidad con la que son capaces de sentir es proporcional a la complejidad típica de su capacidad de reacción ante el sistema de recompensa y castigo que supone la sintiencia.

Es decir, considero que ciertos tipos de seres (por ejemplo, ciertas especies) son típicamente capaces de sentir tanto más dolor o placer en función de la diferencia que pueda suponer dicha motivación en la consecución de los objetivos intrínsecos (evolutivos) que dirigieron la construcción de dicho ser, los cuales son la conservación de la vida y la reproducción de la especie (la reproducción de los genes).

Parto de la suposición de que, en la evolución, las especies lograron adquirir sintiencia inicialmente de una forma muy tenue, y a partir de aquel momento las especies evolucionaron en general adquiriendo cada vez más sintiencia (aunque ocasionalmente pueden haberla perdido[25]).

Si determinada especie, al sufrir más, se esforzase más por conservar la vida y reproducirse (y fuera más exitosa por esta razón), es plausible que dicha especie evolucionara adquiriendo mayor sintiencia. Y con el placer ocurre lo mismo, siendo la única diferencia que el placer es adecuado para motivar a hacer algo concreto y el dolor es adecuado para motivar evitar algo concreto.

---

[25] bbc.com/earth/story/20150424-animals-that-lost-their-brains

Si por el contrario para dicha especie llegara un contexto evolutivo en el que mayor placer y dolor fueran un inconveniente para solucionar los problemas, la adquisición de sintiencia se detendría evolutivamente e incluso retrocedería. Si placer y/o dolor fueran irrelevantes para solucionar los problemas, la sintiencia sería arbitraria. Podría haber o no, mucha o poca.

OBJECIONES A LA SINTIENCIA ANIMAL

Existen algunas críticas a la relevancia de la sintiencia animal a las que aquí doy respuesta.

"Nuestro cerebro es el más grande"

- Nuestro cerebro no es el mayor. El cerebro humano pesa unos 1,5 Kg. mientras que el del cachalote llega a los 9 Kg.

- Nuestro cerebro no es el que tiene la mayor ratio cerebro / masa corporal. En los humanos esta ratio es del 3%. mientras que en las hormigas es del 6%. y en algunas aves llega al 8%.

- Nuestro sistema nervioso no es el que tiene más neuronas. El elefante africano tiene el triple de neuronas.

- Nuestro cerebro no es el que tiene más neuronas en la corteza cerebral. La ballena piloto de aleta larga tiene el doble de neuronas en la corteza cerebral.

La ballena piloto de aleta larga tiene en la corteza cerebral el doble de neuronas que los humanos. Acuarela: Adriana F. Caiaffa

Animal	Neuronas
Ratón	14.000.000
Hamster	17.000.000
Conejo	71.450.000
Gato	250.000.000
Cerdo	425.000.000
Perro	530.000.000
Caballo	1.200.000.000
Macaco	1.710.000.000
Chimpancé	6.200.000.000
Gorila	9.100.000.000
Orca negra	10.500.000.000
Elefante africano	11.000.000.000
Ballena de aleta	15.000.000.000
Humano	16.000.000.000
Ballena piloto de aleta larga	37.200.000.000

Número de neuronas en la corteza cerebral (sólo existe en mamíferos). Tabla: Manu Herrán. Fuente de los datos: wikipedia

"Al toro le duele, pero no sufre" *(tiene sentidos, pero no emociones)*

- El toro (y su femenino la vaca) es un animal mamífero, con sistema nervioso central y corteza cerebral, evolutivamente muy cercano a los humanos.

- Los toros manifiestan emociones. Se pueden observar fácilmente en todos los mamíferos.

- Se hacen experimentos con antidepresivos en ratones. Esta es una forma de reconocer que los ratones se pueden deprimir.

- Sensaciones, emociones y sentimientos no son exclusivos de los seres humanos. Muchos animales tienen funciones cognitivas superiores. Y aunque no las tuvieran, su sufrimiento físico es muy relevante.

Ejemplos de Sensaciones, Emociones y Sentimientos. Manu Herrán

"No es mamífero, no tiene corteza cerebral" (tiene emociones, pero no sentimientos)

- Considero que no hay una diferencia sustancial, esencial, entre dolor físico y psíquico. Pero para los humanos ricos privilegiados de nuestro tiempo, la diferencia es relevante. ¿Por qué? Porque hemos logrado evitar tan bien el dolor físico con anestésicos, analgésicos y otros medicamentos, que lo que nos preocupa y obsesiona ahora es el dolor de origen psicológico. La anestesia empezó a estar popularizada en siglo el XIX, sobre 1850, con los primeros usos del éter y cloroformo, y desde entonces su uso ha sido imparable. El dolor psíquico, ahora, es que es "ese dolor que los humanos aún no hemos podido evitar". Si la sociedad moderna da mucha importancia al dolor psicológico es porque ha controlado en gran medida el dolor físico. Pero el dolor o sufrimiento físico es también muy relevante.

- El siguiente experimento mental puede ayudar a entender la relevancia de las sensaciones físicas. Imagina que el ser a quien más quieres es torturado *físicamente* en tu presencia. Por empatía, eso producirá una tortura psicológica en ti. Todo ese sufrimiento psicológico estará originado por la relevancia del sufrimiento físico.

"La tortura física a humanos es siempre también psicológica, y la psicológica es la peor parte. Los humanos poseen capacidades cognitivas superiores que los no humanos no poseen"

- Imagina el experimento mental anterior con un humano cuyas funciones cognitivas superiores sean muy limitadas, como un bebé o un adulto con un deterioro cognitivo severo. Incluso aunque te aseguraran que su salud física se recuperará después de esa tortura, ese sufrimiento físico seguro que te parecerá muy relevante.

"No podemos saber si la langosta sufre al ser hervida"

- Tampoco puedo estar seguro de si tú sientes. Lo deduzco por parecidos.

- En la langosta hay un parecido físico en su constitución interna: dispone de un sistema nervioso central biológico, como yo.

- Hay un parecido en cuanto a su origen: tiene el mismo origen evolutivo que yo. Seguramente, ni la langosta ni los humanos han sido creados intencionadamente, sino mediante el fenómeno de la evolución.

- Hay un parecido en cuanto a la misma utilidad aparente: en su especie la sintiencia orienta el comportamiento hacia la supervivencia y máxima eficiencia reproductiva, igual que en los humanos.

- Se trata de un ser evolutivamente cercano a nosotros: es un animal con simetría bilateral, ojos, cerebro... (cercano en el árbol evolutivo).

"La mayoría de los animales no tienen consciencia de sí mismos, por lo tanto, no sienten"

- Podríamos establecer una definición de consciencia en la cual los seres conscientes son aquellos que tienen un modelo mental de sí mismos (o incluso un modelo mental de un modelo mental de sí mismos), considerándose a sí mismos algo separado del resto del universo. Según esta definición muchos animales, pero también bebés humanos o adultos con deterioro cognitivo podrían ser considerados "no conscientes". Sin embargo, si sufren, este sufrimiento, por sí mismo, seguiría siendo igualmente relevante.

- Hay quien considera que cuanta más inconsciencia, menor es el sufrimiento ya que no hemos de añadir al sufrimiento físico el sufrimiento psicológico de entender sus consecuencias, y que por tanto los animales sufren menos, por ejemplo, cuando van a ser asesinados. Pero realmente el efecto funciona en ambas direcciones: los humanos adultos aceptamos mucho mejor el sufrimiento físico como, por ejemplo, el de una intervención quirúrgica, cuando sabemos que es para nuestro bien.

LA PARADOJA DE LA EXPERIMENTACIÓN CON ANIMALES

Durante un año se producen unos 140.000 experimentos con animales no humanos en España[26] en los que el animal muere o sufre un daño "severo" (siendo "severo" *un sufrimiento o una angustia severos o un dolor, sufrimiento o angustia moderados de larga duración o cuyo bienestar o estado general haya sufrido un deterioro importante como resultado del procedimiento*). Si extrapolamos los 140.000 experimentos "severos" de un país con 46,5 millones de habitantes al total mundial de 7.500 millones, donde España representa el 0,62% (una parte entre 161), tendríamos unos hipotéticos 22,54

---

[26] mapama.gob.es/es/ganaderia/temas/produccion-y-mercados-ganaderos/informedeusodeanimalesen2015_tcm7-436494.pdf

millones de experimentos con daño severo en un año en todo el mundo.

Son muchos experimentos y son "severos". ¿De verdad son necesarios? ¿Y es correcto hacerlos? Hay una paradoja en la experimentación con animales no humanos que es difícil de eludir.

Por ejemplo, se realizan experimentos de antidepresivos en ratones. Si experimentamos la depresión en ratones, es porque creemos que los ratones se pueden deprimir, y las consecuencias de estos experimentos pueden ser aplicables a humanos que sufren depresión. Pero si los ratones se pueden deprimir de una forma tan parecida a la forma en la que se deprimen los humanos, llegando al punto de que las consecuencias de estos experimentos puedan ser aplicables a humanos ¿está moralmente justificado provocar la depresión a los ratones? Parece que no, ya que los ratones sufrirían de la misma forma que sufren los humanos, y ese sufrimiento es el que precisamente se supone que tratamos de evitar. Y si los ratones en cambio fueran suficientemente diferentes a los humanos como para que estuviera moralmente justificado hacer estos experimentos, entonces ¿tendría sentido hacer estos experimentos? Parece que no, ya que entonces los experimentos no serían extrapolables a humanos.

Es decir, si hacemos experimentos en animales es porque se parecen a nosotros y las conclusiones son aplicables a nosotros. Pero si se parecen a nosotros ¿es correcto hacerlo? Creo que no.

En conclusión, creo que no debemos hacer experimentos perjudiciales en animales no humanos sintientes involuntarios por las mismas razones por las que no está justificado hacerlo en humanos.

Es moralmente aceptable hacer experimentos en animales no humanos en los mismos casos en los que es moralmente aceptable en humanos: en tratamientos razonablemente indoloros, con pacientes voluntarios o cuando hay un claro beneficio para el paciente que no puede decidir.

Hay muchos humanos y animales no humanos gravemente enfermos dispuestos a probar tratamientos experimentales indoloros que puedan curarlos.

Realizar experimentos perjudiciales en animales no humanos es moralmente equivalente a secuestrar y matar a unos pocos humanos por sus órganos para salvar otras muchas vidas. La especie es irrelevante.

La sintiencia en insectos

Quizás estamos cometiendo un terrible error si despreciamos la sintiencia de los insectos[27], ya que:

- Hay muchos: 1 billón por cada humano.
- Podrían sentir. Al menos, hacen cosas difíciles que parecen inteligentes. Algunos incluso... ¡vuelan!
- Podrían sentir el tiempo más despacio.

---

[27] reducing-suffering.org/la-importancia-del-sufrimiento-de-los-insectos

La población mundial de insectos se estima en alrededor de 1 a 10 billones de billones (aproximadamente un billón de insectos por cada humano).

Tal como afirma Brian Tomasik, si los insectos son sintientes, es plausible considerarlos menos sintientes que los vertebrados. Los humanos tenemos al menos 100.000 veces más neuronas que la mayoría de los insectos. Pero, colectivamente, las mentes de muchos insectos pueden conformar algo bastante significativo moralmente[28].

Brian Tomasik. Fuente: Brian Tomasik

Los insectos toman decisiones más rápido que nosotros. Por esta razón, es plausible pensar que experimentan el tiempo más lentamente y por tanto en el proceso de morir su sufrimiento podría ser mayor (una suerte de muerte a cámara lenta), al estar compuestos por el mismo tipo de componentes biológicos que generan la capacidad de sentir

---

[28] reducing-suffering.org/#Insects_and_other_invertebrates

en nosotros[29]. No parece que las vidas de los insectos sean particularmente felices[30].

---

[29] reducing-suffering.org/small-animals-clock-speed/

[30] simonknutsson.com/how-good-or-bad-is-the-life-of-an-insect

Acuarela: Adriana F. Caiaffa

Valoración crítica de los argumentos

Todos los argumentos expuestos en favor de la sintiencia animal están basados en algún tipo de "parecido" o "cercanía": mismo sistema nervioso central, mismo aspecto, mismo comportamiento, parecido o cercanía genética / evolutiva, misma utilidad, misma necesidad. Todos son "parecidos".

Así es cómo reconocemos, de hecho, la sintiencia en otros seres: mediante el parecido. ¿Por qué lo hacemos así? La respuesta está en "el efecto de la farola encendida". Lo hacemos así porque *podemos* hacerlo así. Buscamos las llaves donde hay luz, porque donde hay luz, podemos ver. Esto no quiere decir que debajo de la farola sea el lugar más probable donde *estén* las llaves. En cambio, debajo de la farola es el lugar más probable donde podremos *encontrar* las llaves.

Con los argumentos que he expuesto, demostramos razonablemente la existencia de la sintiencia de ciertos seres, pero no demostramos la no-sintiencia del resto de seres. Es posible que en el futuro encontremos nuevas evidencias de existencia de sintiencia que nada tienen que ver con las actuales, y que tal vez no estén basadas en el "parecido".

CRÍTICA AL REQUISITO DEL SISTEMA NERVIOSO CENTRAL

En relación al requisito de "tener cerebro" para que exista sintiencia, ocurre algo curioso. El cerebro es una masa nerviosa, neuronal, grande. Parece que cuanto más grande sea la masa neuronal[31], y más centralizada, mas sintiencia. Es decir, que el número típico de neuronas de cada especie es relevante, o al menos la ratio entre el tamaño del cerebro y el tamaño del cuerpo[32], para estimar la posible capacidad de sintiencia típica de los individuos de dicha especie. Sin embargo, el cerebro no duele. No tiene receptores de dolor. ¿Dónde está el dolor entonces? ¿Dónde está la sintiencia? Lo que quiero destacar aquí al decir que "el cerebro no duele" son dos cosas, por una parte, que la sintiencia tiene una existencia independiente del mundo material; y por otra, que cuando se habla de "sistema nervioso central" como requisito de la sintiencia, entiendo que los defensores de esta propuesta se refieren en realidad a un sistema nervioso *completo* (como requisito de la sintiencia) que, *además*, tiene un sistema nervioso centralizado.

Por lo general los defensores del argumento del sistema nervioso central asumen que *"en ausencia de, al menos, un sistema nervioso centralizado, la consciencia no surgirá"*[33]. Es decir, si un ser no tiene cerebro, no siente. Pero yo creo que, siguiendo los principios de honestidad, imparcialidad y escepticismo, el argumento debería ser de esta forma: si

---

[31] es.wikipedia.org/wiki/Inteligencia_de_los_elefantes

[32] es.wikipedia.org/wiki/Cociente_de_encefalizaci%C3%B3n

[33] animal-ethics.org/problema-consciencia (consultado en mayo de 2019)

existe un sistema nervioso centralizado funcionando, podemos afirmar con bastante seguridad que existe una consciencia / sintiencia. Pero si no existe un sistema nervioso centralizado, no podemos asegurar que la sintiencia no exista.

Un argumento que parece definitivo para defender la idea de que el sistema nervioso central es necesario para la consciencia es que si introducimos algo en dicho sistema nervioso central que lo "inhabilita" (por ejemplo, la anestesia antes de una operación), perdemos la consciencia y no sentimos nada. Yo creo que esto es así (salvo excepciones: por ejemplo, podríamos imaginar una anestesia que inmovilizara el cuerpo y anulara los recuerdos, pero no evitara el dolor; después de la intervención, los pacientes dirían que no han sufrido nada, cuando lo que ocurre es que no lo recuerdan). Sin embargo, en todo caso, decir que "sin un sistema nervioso central no hay consciencia" me parece una generalización apresurada. Es verdad que, a *nosotros*, si nos inhabilitan el sistema nervioso central, perdemos la consciencia. Pero otros seres podrían adquirir conciencia de otras formas. Haciendo una metáfora entre "sentir" y "volar": si a un pájaro se le mojan las plumas, pierde su capacidad de volar o ésta se ve disminuida considerablemente. Pero los aviones y los cohetes también vuelan, incluso con lluvia. Los aviones no tienen plumas y los cohetes no tienen ni siquiera alas. Y vuelan. Que nosotros adquiramos sintiencia gracias a nuestro sistema nervioso central no impide que otros seres adquieran sintiencia de otras formas.

Crítica al argumento de la utilidad evolutiva

Por lo general se asume que el placer y el dolor tienen un origen evolutivo o una explicación evolutiva, ya que producen motivación para lograr objetivos relacionados con la perpetuación de los genes, y esta motivación es útil. Cuando se piensa así, también se suele pensar que sin un contexto evolutivo no se puede generar la sintiencia. Voy a hacer tres críticas a esta idea.

1. Efectivamente, si la sintiencia fuera útil evolutivamente, los seres con sintiencia se verían seleccionados. Pero tengamos en cuenta también que si la sintiencia fuera indiferente desde el punto de vista adaptativo (bajo ciertas circunstancias), también podría existir. Hipótesis que suenan descabelladas, como decir que los átomos sienten un continuo placer o un continuo dolor; o que sienten una cosa u otra en función de ciertas propiedades físicas, por ejemplo, sienten placer al acercarse y dolor al alejarse entre sí, son perfectamente aceptables evolutivamente, porque son evolutivamente indiferentes.
2. Por otra parte, debemos reconocer que aun suponiendo que la sintiencia produjera una mayor motivación, y la mayor motivación produjera una mayor aptitud, existen muchos casos en los que esto no es así. En concreto, los seres humanos vivimos en un contexto evolutivo en el que comparativamente con otros mecanismos, mayor placer y dolor no muestran una gran efectividad y eficiencia en cuanto a la resolución de problemas, si es que alguna vez la tuvieron. El dolor es útil en muchos casos, pero en otros no. Por eso, además de por otros motivos, hemos desarrollado la anestesia. Afortunadamente tenemos la capacidad de orientar todo nuestro

esfuerzo hacia quedarnos con el placer y la felicidad que hemos obtenido de la evolución, y eliminar totalmente el dolor y el sufrimiento, para nosotros y para el resto de las especies animales. En todo caso, esta interpretación incluye el elemento de voluntad, totalmente ajeno al paradigma evolutivo. Aprovecharé el siguiente punto para explicar por qué esto no encaja con el resto del cuadro.
3. En tercer lugar, y esto es lo más importante, la afirmación de que "el placer y el dolor tienen un origen evolutivo" me parece precipitada porque introduce en la teoría de la evolución un elemento extraño, cuya naturaleza es totalmente diferente a la de los elementos que maneja la teoría de la evolución, sin explicar de dónde viene. Decir que las experiencias motivan para hacer algo diferente de lo que hubiéramos hecho sin esas experiencias es equivalente a decir que en ciertos casos la materia no sigue las leyes de la física, viéndose afectada por nuestra voluntad. Si esto fuera cierto ¿No deberíamos ser capaces de detectarlo?[34]

Desarrollaré más este último punto. En definitiva, lo que pretendo argumentar es lo siguiente:

- Cuando hablamos de utilidad evolutiva nos referimos a la utilidad reproductiva de ciertas estructuras materiales. Pero las experiencias no son objetos materiales.
- Aun cuando aceptemos la idea de que la utilidad evolutiva genera la sintiencia, esto no quiere decir que la sintiencia no se pueda generar sin una utilidad evolutiva.
- Más que "útil", la sintiencia podría ser "inevitable".

---

[34] manuherran.com/tres-soluciones-para-los-problemas-dificiles-de-la-sintiencia

La evolución se produce cuando existen ciertos elementos básicos (de información) que se combinan y copian con errores en un contexto de escasez. La afirmación de que la sintiencia es consecuencia de la evolución, ya que es útil para que los individuos, me parece una falacia de petición de principio de la siguiente forma:

1. Premisa: Al adquirir sintiencia, los animales se ven favorecidos en aptitud.
2. Conclusión: La sintiencia es (*simplemente*) resultado de la evolución.

La conclusión está contenida en la premisa, ya que ambas cosas significan en la práctica lo mismo. Sé que para muchos lectores esto resultará chocante, porque hay infinidad de ejemplos en los que este tipo de razonamiento es válido. Por ejemplo, me parece correcto:

1. Premisa: Al adquirir ojos, los animales se ven favorecidos en aptitud.
2. Conclusión: Los ojos son resultado de la evolución.

y también

1. Premisa: Al adquirir alas, los animales se ven favorecidos en aptitud.
2. Conclusión: Las alas son resultado de la evolución.

Las alas y los ojos pueden ser resultado de la evolución porque alas y ojos son simplemente materia organizada de determinada forma y la teoría de la evolución explica perfectamente cómo y por qué existe una tendencia en la materia a explorar diferentes configuraciones. Desde un punto de vista estrictamente materialista–reduccionista, la evolución no existe, como tampoco existen los individuos ni las alas ni los ojos. Desde un punto de vista estrictamente materialista solo existen átomos, partículas, energía, electromagnetismo... ese tipo de cosas. Por supuesto, cuando mencionamos palabras como "átomos" o "partículas" estamos hablando de ideas (la idea de "átomo", la idea de "partícula") porque cuando nos comunicamos de forma escrita o hablada, lo que comunicamos son ideas, pero al hacerlo no nos referimos a las ideas por sí mismas, sino a los objetos materiales que ellas representan.

La teoría de la evolución maneja ideas tales como: "gen", "individuo", "especie", "plumas", "ojos" o "volar" para explicar el comportamiento de la materia. Hablar de "ojos", de "plumas" o de "volar" es una forma de describir de forma resumida el comportamiento de la materia. Pero la sintiencia es un tipo de cosa totalmente diferente a "ojos" o "volar". La teoría de la evolución hace descripciones del comportamiento de elementos básicos de información o materia. Introducir en ella la sintiencia o la voluntad, sin mayor explicación, está escasamente justificado.

Por otra parte, los aviones también tienen alas, y estas alas no son resultado de la evolución, sino de un diseño inteligente intencionado. Los ordenadores tienen cámaras, que funcionan como "ojos", también resultado de un diseño intencionado. No pretendo defender en este momento la idea que los animales han obtenido sintiencia a partir de un diseño intencionado (cosa que, por otra parte, es perfectamente posible), sino al contrario, que objetos creados con un diseño intencionado (robots) también pueden adquirir sintiencia. La sintiencia no es necesariamente "simplemente" el resultado de la evolución. La sintiencia perfectamente podría generarse de multitud de formas o ser omnipresente, tan omnipresente como la materia, y si no la reconocemos, perfectamente puede ser debido al efecto antrópico de la farola encendida.

Una representación visual de la emergencia

Metafóricamente podemos representar el mundo material como el mar, y el mundo de las experiencias como las nubes. La emergencia de las experiencias a partir de la materia sería algo así como la generación de vapor de agua a partir de la evaporación.

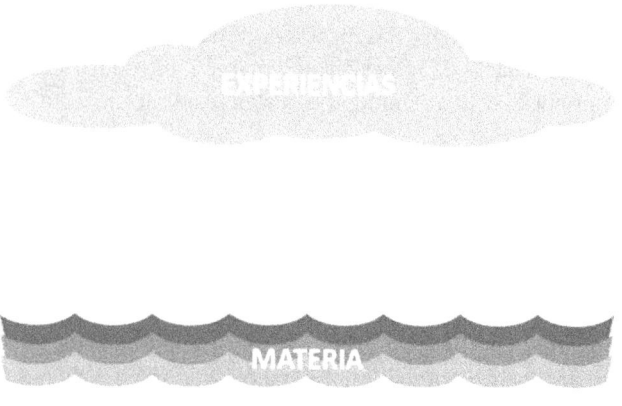

El sistema nervioso central actúa sobre los músculos. Ambos son componentes materiales.

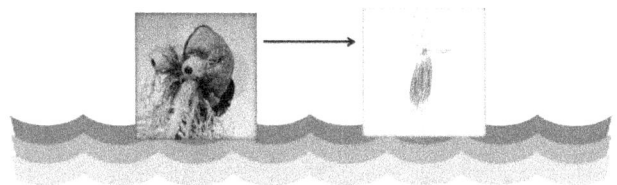

El resto del cuerpo también envía información al sistema nervioso central.

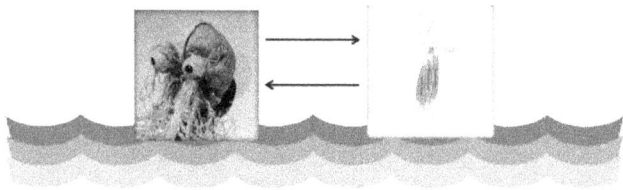

Según el paradigma emergentista, el sistema nervioso central produce la emergencia de la sintiencia

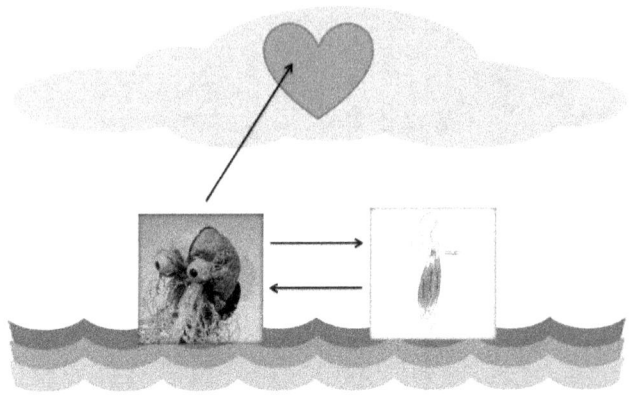

¿La sintiencia es útil por sí misma o sólo es un subproducto inevitable? Para ser útil por sí misma debería tener un efecto sobre la materia.

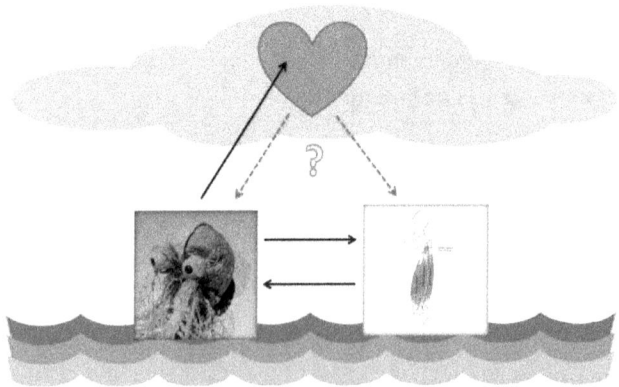

Si fuera cierto que la sintiencia es intrínsecamente útil, entonces estaríamos diciendo que la materia no cumple las leyes de la física, ya que al menos bajo ciertas condiciones, la materia se vería afectada por algo que no es material

CRÍTICA AL ARGUMENTO DE LA EMERGENCIA

Cuando a los argumentos que defienden la utilidad de la sintiencia le añadimos el aspecto de la emergencia de la consciencia, nos encontramos con la misma falacia de petición de principio anterior, combinada con una falacia *ad consequentiam* de tipo positivo, en el que afirmamos que algo es cierto simplemente porque sus consecuencias son positivas, en este caso, para la perpetuación de los genes. La falacia es de la siguiente forma:

1. Premisa: La sintiencia *emerge* de la materia animal.
2. Al adquirir sintiencia, los animales se ven favorecidos evolutivamente.
3. Por tanto, la premisa es cierta.

Aun aceptando que los animales pudieran verse favorecidos por la sintiencia, esto no implica necesariamente que la sintiencia sea algo *emergente*. La sintiencia podría ser de otra forma. Por ejemplo, en vez de un *emergentismo* de la sintiencia, podría existir un *inmersionismo* de la sintiencia.

Muchos dicen que "La materia crea la sintiencia" o que "La sintiencia emerge de la materia". La frase ha sido condensada. Lo que parece que podrían querer decir es "Tengo una absoluta confianza en que la materia existe, y una razonable confianza en que es la materia la que crea la sintiencia". Pero no es así. Ocurre justo al revés y sería justo expresarlo de esta manera: "Tengo una absoluta confianza en que la subjetividad existe, y la subjetividad me proporciona una razonable confianza en la existencia de un mundo material. La sintiencia es un hecho. La materia es una hipótesis que emerge de la sintiencia". O si visualmente colocamos a la materia abajo y la sintiencia arriba, la materia no emerge, sino que se *sumerge*. En definitiva, hay una simetría entre emergentismo e inmersionismo[35].

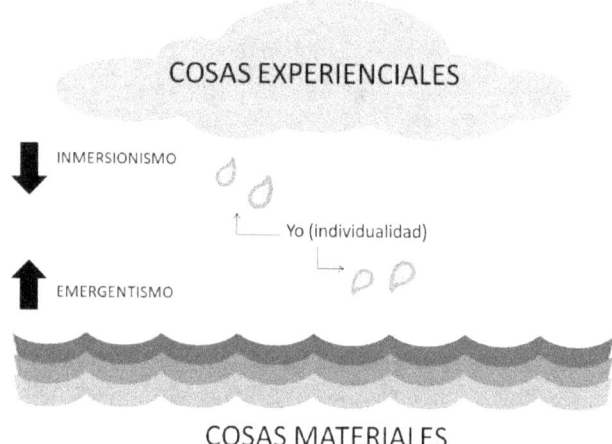

Emergentismo e inmersionismo. Manu Herrán

Emergentismo e inmersionismo son dos enfoques o teorías metafísicas simétricas para describir la realidad. En el enfoque emergentista las cosas materiales (las materias), agrupadas de determinada forma, generan la individualidad (el yo). Adicionalmente, el individuo experimenta la existencia de

---

[35] manuherran.com/simetria-entre-emergentismo-e-inmersionismo

cosas experienciales, como la sensación de frío o el amor, pero esta realidad subjetiva se considera un epifenómeno o incluso se niega (eliminativismo).

En el enfoque inmersionista las cosas experienciales (las experiencias), desagrupadas de determinada forma, generan la individualidad (el yo). Adicionalmente, el individuo experimenta la existencia de cosas materiales, como un átomo de oro o un planeta, pero esta realidad material se considera un epifenómeno o incluso se niega (espiritualismo).

La hipótesis de la existencia de las experiencias, independientemente de los individuos que las experimentan, es análoga y simétrica a la hipótesis de la existencia de las materias, independientemente de los individuos que las experimentan.

DEL ANTIESPECISMO AL ANTISUBSTRATISMO

Los argumentos que he presentado me hacen pensar que la consciencia / sintiencia puede ser mucho más disponible y fácil de producir de lo que parece. Todo objeto podría ser en cierto modo consciente / sintiente, hasta los átomos.

Si seguimos insistiendo en que el placer y el dolor tienen un origen evolutivo o una explicación evolutiva "y esto es todo", entonces tenemos que asumir también que seguramente el placer y el dolor (y/o la voluntad y/o la identidad) son algunos de esos elementos básicos, de alguna forma preexistentes, que participan del proceso evolutivo, y que cualquier sistema basado en información puede adquirir conciencia. Es decir, por ejemplo, que podemos crear en un ordenador, de forma "artificial" (moléculas simuladas) todos los elementos de la evolución natural que conocemos, basada en moléculas: recombinaciones y copias con errores en un contexto de escasez (=evolución). Si asumimos que en el mundo material emerge la consciencia debido a la evolución de dichos elementos, "y esto es todo", sería incoherente considerar que en una simulación no se puede produce la sintiencia.

En resumen, la popular idea de la emergencia de la sintiencia únicamente en los animales es precipitada, y si además se considera que no se produce en las máquinas o en las simulaciones, es incoherente.

Por ello, creo que el concepto de antiespecismo[36] no es suficiente. Es necesario un "antisubstratismo". La clave del "humanismo" del futuro (me refiero con la palabra "humanismo" a la compasión, la consideración moral, la empatía) es el anti-substratismo. Da igual el substrato que genere la conciencia, material o no material. Da igual la especie, da igual animal o mineral, húmedo o seco, animal, robot o simulación... o situaciones mixtas... si se genera capacidad de sentir, de tener intereses, preferencias... entonces existe el individuo y la relevancia moral: ese individuo merece consideración moral.

---

[36] "Speciesism: Why It Is Wrong and the Implications of Rejecting It", By Magnus Vinding. smashwords.com/books/view/539674

¿Qué es el Anti-especismo?

El *especismo* es una preferencia moral que discrimina (positiva o negativamente) a los seres de ciertas especies por el simple hecho de pertenecer a dicha especie, sin tener en cuenta otras circunstancias.

El *antiespecismo* es el rechazo a esta discriminación arbitraria.

¿Qué es el Anti-substratismo?

El *substratismo* es una preferencia moral que discrimina (positiva o negativamente) a ciertos seres sintientes en función del substrato que ha hecho posible su capacidad de sentir.

El *antisubstratismo* es el rechazo a esta discriminación arbitraria.

"Antisubstratismo" es equivalente a "antiespecismo", referido en este caso a la idea de substrato en vez de a la idea de especie. Es injustificado discriminar moralmente según el substrato que soporta la sintiencia, lo mismo que es injustificado discriminar moralmente según especie (especismo), raza (racismo), sexo (sexismo), edad (edadismo) etc.

Malentendidos del especismo

El especismo es una preferencia moral que discrimina (positiva o negativamente) a los seres de ciertas especies por el simple hecho de pertenecer a dicha especie, sin tener en cuenta otras circunstancias. En mi opinión, hay muchos errores y malentendidos asociados con la idea de especismo:

Error 1: *El especismo es la preferencia de la especie humana por la propia especie humana.*

El caso de especismo más claro y extendido es la discriminación positiva y arbitraria de los seres humanos hacia otros seres humanos, solo por el hecho de ser humanos[37]. Sin embargo, éste no es el único caso. También los humanos podemos discriminar positivamente a perros, gatos, loros, delfines, elefantes o mariquitas; y negativamente a lobos, leones, jabalíes, cucarachas, ratas y palomas, por tener la (buena o mala) suerte pertenecer a dicha especie, sin tener en cuenta otros condicionantes.

Error 2: *Sólo hay un tipo de especismo.*

---

[37] Por supuesto, no hay nada que criticar cuando un individuo tiene consideración moral por otro, por ejemplo, cuando un hombre blanco tiene consideración moral por otro hombre blanco. El problema moral lo tenemos cuando el hombre blanco omite la consideración moral por otro individuo, simplemente por ser negro (racismo), o por ser mujer (sexismo). El especismo es otra discriminación arbitraria que maneja el concepto de especie en lugar del sexo o el color de la piel como argumento discriminatorio.

Hay muchas formas de ser especista. Algunas culturas humanas tienen una preferencia especista positiva por gatos, perros o vacas, pero otras culturas no la tienen, o incluso discriminan negativamente a los perros.

Error 3: *Sólo los humanos pueden ser especistas.*

Considero que, por ejemplo, grandes simios y perros, no solamente son sujetos morales *pasivos* (sujetos de derechos), sino también *agentes* morales, capaces de hacer juicios morales y tener preferencias especistas. Cuando digo que los grandes simios son agentes morales no estoy diciendo que los grandes simios sean agentes morales de la misma forma en la que lo es un humano adulto promedio. Tengamos en cuenta lo siguiente: los bebés humanos recién nacidos no son agentes morales, pero sí lo son los niños humanos, mucho antes de alcanzada la mayoría de edad legal (entre los 14 y los 21 años). Evidentemente, no hay ningún cambio significativo en la capacidad moral de un niño humano en el instante en el que alcanza la mayoría de edad. La capacidad de establecer juicios morales no parece ser algo binario sino más bien gradual. Esta capacidad no sólo está determinada por la edad, sino que se ve afectada por diversas circunstancias como drogas, lesiones físicas, impactos psicológicos, enfermedades neuro-degenerativas...De la misma forma que los niños humanos pueden tener esta capacidad moral, también otros mamíferos.

Error 4: *Lo contrario del especismo es la consideración de todos los animales por igual (sólo hay un tipo de no-especismo).*

A veces se piensa que el especismo tiene un único contrario, el anti-especismo, y que ese único contrario consiste en considerar por igual a todos los animales. Pero el especismo no tiene un contrario, sino muchos contrarios. No sólo hay muchas formas de ser especista, sino que también hay muchas formas de ser anti-especista. Y esas formas son complejas: no se trata de una línea con dos extremos: el especismo y el anti-especismo; sino más bien de un plano, o incluso un espacio multidimensional, con muchos puntos. Una forma de ser no-especista es considerar a todos los *animales* por igual, pero otra forma de ser no-especista es considerar todos los *intereses* por igual.

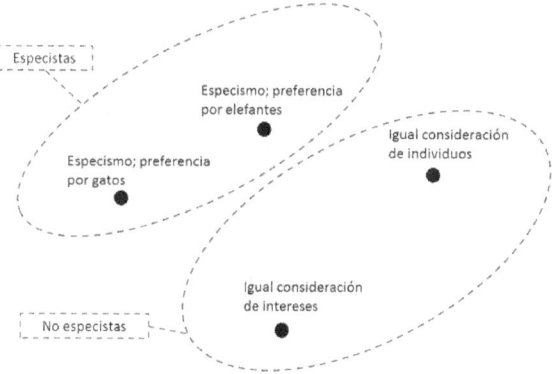

Ejemplos de especismo y no-especismo. Manu Herrán

Error 5: *La preferencia sistemática por un animal de una especie frente a otro animal de otra especie diferente siempre es especista.*

El especismo es la preferencia moral que discrimina por el simple hecho de pertenecer a una especie. Una forma de evitar ser especista es considerar por igual todos los intereses independientemente de la especie. Esto no impide que ante problemas morales se tenga en la práctica una mayor (o menor) consideración habitual por animales de ciertas especies que por otros de especies diferentes.

Enfrentados a problemas morales, es posible tener preferencia por un animal de una especie frente a otro de otra, sin ser por ello especista. Problemas morales como estos:

- Un pollo y un elefante están en peligro, y sólo puedo salvar a uno de los dos.
- Un perro con lombrices intestinales enfermará si los parásitos siguen desarrollándose en su cuerpo.

Que alguien piense que un elefante en concreto es un ser más sensible, inteligente y social que un pollo en concreto; o incluso que alguien piense que un elefante adulto promedio es probablemente un ser más sensible, inteligente y social que un pollo adulto promedio, y que en caso de encontrarse ambos en peligro, muestre una mayor preferencia por salvar a uno frente a otro, no es especista.

Los llamo "problemas morales" y no "dilemas morales" porque se entiende que los dilemas sólo tienen dos posibles soluciones, cuando lo habitual es que existan varias opciones frente a un problema moral.

En este artículo[38], en la cita: «I'm what Jon Bockman might call a "species-ist." I think elephants—sweet, sensitive, and social creatures that they are—should count for more than chickens do.» se ridiculiza el anti-especismo erróneamente entendido como la consideración de todos los animales por igual, cuando ese es únicamente un tipo teórico de anti-especismo, del cual no creo que existan casos reales.

Razonar sobre el ejemplo del perro con lombrices puede asustar a mucha gente. La mayoría de nosotros decidiría matar a las lombrices y salvaría al perro. Pero ¿por qué lo hacemos, por qué preferimos al perro? ¿Es una intuición moral? ¿Es un comportamiento aprendido? ¿Seguimos unas normas sociales, tal vez religiosas? ¿Es peligroso razonar sobre este tipo de cosas? ¿Es más peligroso razonar que no

---

[38]

www.slate.com/articles/health_and_science/science/2016/08 /animal_activists_crunched_the_numbers_to_learn_that_the _creature_most_in.html

hacerlo? ¿Lo hacemos porque los intereses del perro son mayores a los intereses de todas las lombrices? ¿Lo hacemos porque las lombrices nos dan asco y son también una amenaza para nosotros mismos? ¿Lo hacemos porque amamos al perro y nos sentimos identificados con él, mientras no podemos hacer lo mismo con las lombrices?

Otro ejemplo: A mucha gente le dan asco las cucarachas y las ratas o le aterrorizan las serpientes y los alacranes. Estas aversiones pueden tener un origen evolutivo relacionado con la posible transmisión de enfermedades o venenos, de la misma forma que los perros aborrecen las setas. Estos casos podrían no ser especismo, ya que, aunque se discrimine en general a todos los individuos de una especie, tal vez no se realiza esa discriminación por la pertenencia a la especie, sino por otros motivos. Por ejemplo, quien mata cucarachas, pero salva a mariquitas tal vez esté impresionado por la belleza de los colores de las segundas. En ese caso no estaría discriminando por especie sino por belleza o estética: podría salvar la vida de una rara y bella cucaracha iridiscente. Mucha gente odia las ratas, marrones o negras, pero adora a los hámsteres blancos.

En definitiva, muchas preferencias por individuos concretos pueden no ser especistas. En cambio, son las reglas morales o legales, deontológicas, las que pueden ser especistas. Sería más justo si estas reglas morales o legales evolucionaran para tener mayor precisión en la consideración de los individuos y sus intereses, sin dar tanta importancia la especie a la que pertenezcan. Por ejemplo, un individuo muerto no tiene intereses, pertenezca a la especie que pertenezca (aunque sí los tienen sus familiares vivos).

Para profundizar más en estas ideas recomiendo estas direcciones web de las organizaciones "Ética Animal" e "Igualdad Animal":

animal-ethics.org/especismo

igualdadanimal.org/antiespecismo

Una verdad incómoda

En mi opinión, todo el avance científico de los últimos siglos, el cual ha producido a su vez un impresionante avance tecnológico, está construido sobre un sistema filosófico con grandes carencias y oportunidades de mejora.

Hasta que nos hemos tropezado en serio con el asunto de la sintiencia, las carencias de nuestro sistema de filosofía científica no han resultado ser un gran problema debido al tipo de cosas que hasta ahora nos ha interesado investigar, que han sido las cosas materiales y las ideas.

Pero ahora nos encontramos en un contexto diferente. Somos capaces de plantearnos la consideración moral de los animales no humanos y de las máquinas. Debemos dar la respuesta correcta a la pregunta acerca de quién siente, y para ello es necesario replantearnos los cimientos del pensamiento.

Mucha gente pregunta "¿está demostrado que los insectos sienten?" presuponiendo que la ciencia ofrecerá tarde o temprano pruebas irrefutables de la sintiencia o no de algo, lo mismo que predicciones del movimiento de los astros. Pero no. No en el estado actual de la ciencia y la filosofía científica. A veces, para fabricar nuevas cosas, necesitamos nuevas herramientas. La aproximación científica al asunto de la sintiencia requiere plantearnos algunos aspectos fundamentales (filosóficos) de la obtención de evidencia, sobre los que aún hay mucho desacuerdo y problemas terminológicos.

Voy a hablar de tres tipos de conceptos: materia, ideas y experiencias.

Nadie puede negar que al menos desde un punto de vista descriptivo, se trata de tipos de cosas diferentes. Nada tiene que ver el "tipo de cosa" de un gramo de oro, con los números primos, o el dolor de cabeza.

Muchos científicos consideran que de los tres tipos de realidades (de estos "tres mundos") solo existe uno y ese mundo es el "material".

Están equivocados. La afirmación es falsa. Sin embargo, hay algo de verdad en ella, y tal vez lo que sucede es que tenemos un problema terminológico.

La frase "solo existe la materia" es falsa, pero tiene un parecido extraordinario con lo que ocurre en realidad, salvo por un factor muy relevante.

El único mundo del que tenemos conocimiento es el de la subjetividad (mundo de la experiencia). Yo siento. Experimento infinidad de cosas. Y esas experiencias conforman todo el mundo al que puedo acceder directamente. "Yo siento" es la única verdad de la que estamos completamente seguros. Despreciar este argumento llamándolo solipsista y diciendo que no nos lleva a ningún camino, es una falacia *ad consequentiam*. El hecho de que una verdad sea incómoda no la hace menos verdad. Lo cierto es que lo único que tengo es mi propio punto de vista.

El científico señala con el dedo la manzana sobre la mesa y dice que es un objeto real, y a continuación señala con el dedo su propia cabeza y dice "¿De qué forma mi cerebro se las arregla para representar esta manzana real en mi mente?"

¿Qué señalo cuando señalo mi cabeza?

Este planteamiento está totalmente equivocado.

Esa cosa que señalo no es ninguna manzana real: es la representación que mi mente tiene de la manzana. Ahora señalo a mi cabeza. Esa no es mi cabeza. Esa es la representación mental que mi mente tiene de mi cabeza. Ahora salgo de casa. Veo el campo, los árboles, la luna y las estrellas. Abro los brazos, miro a mi alrededor y digo "todo esto, es mi mente". Eso es correcto. Lo que llamamos universo, es mi mente.

Todo lo que veo es mi mente

Por si hubiera alguna duda, las personas que sufren una amputación habitualmente se quejan de dolor en el miembro que ya no existe. Lo que llamamos "mi pie derecho" es una representación mental en el cerebro. El zapato también. El universo también.

Ésta es la verdad incómoda que la mayoría de los científicos no quiere reconocer, ya que hace tambalear todo su sistema de pensamiento y por tanto parece que "no conduce a nada", pues complica extraordinariamente cualquier avance.

Es hora de dejar de quejarse y asumir la realidad.

¿Qué ocurre entonces con los otros dos mundos, el material y el de las ideas? ¿Existen o no? Podemos decir que sí o que no, con estos matices:

Si decimos que existen tres mundos es porque experimentamos la existencia de tres tipos de cosas diferentes: materia, ideas y sensaciones. Pero las tres son experiencias. Como son tan diferentes, decimos que son tres mundos. De acuerdo.

Si decimos que sólo existe un mundo, ese mundo es el de la subjetividad (el de las experiencias). Todo lo que llamamos materia es la experiencia de algo que llamamos materia. Todo lo que llamamos información o ideas, es la experiencia de algo que llamamos información o ideas. Cada partícula de materia de la que tenemos conocimiento es realmente la experiencia de tener conocimiento de dicha partícula. Para no repetirnos y no alargar las expresiones, en vez de decir, "yo experimento la existencia de ese átomo de hidrógeno" podemos simplificar diciendo "ese átomo de hidrógeno existe".

Para empezar a entender la sintiencia puede ser necesario recordar que todo lo que percibimos es subjetivo y que no vemos la realidad tal como es objetivamente, sino que todo lo que vemos es realidad interpretada. Aun cuando coincidamos con otros humanos en la descripción de esta realidad y a esa descripción le llamemos "realidad objetiva", para seres de otras especies la "realidad objetiva" puede ser y con toda seguridad será muy diferente[39].

¿LA SINTIENCIA ES ÚTIL O ES INEVITABLE?

Hay una cuestión que seguramente no ha quedado clara: ¿La sintiencia es útil o es inevitable? Para abordarla es muy interesante hacerse esta otra pregunta ¿de dónde viene todo?

Repasar las mejores teorías que tenemos acerca del origen de todo lo que existe nos ayudará a entender cómo y por qué nosotros podemos ser máquinas, y cómo es posible que las

---

[39] manuherran.com/la-irrelevancia-del-mundo-objetivo

máquinas sientan. Para ello voy a hacer de forma muy simplificada una pequeña historia del Universo y de la Evolución.

Al principio no había nada. Si damos por válida la teoría del Big-Bang, hace 13.800 millones de años, la nada "explotó". La materia en expansión y desordenada formó el planeta Tierra hace unos 4.470 millones de años.

Hace 4.000 millones de años, en este planeta Tierra comenzó un proceso de orden: empezaron a surgir ciertos replicantes. Se trata de moléculas en forma de hilos (en este caso fueron hilos, pero supongo que tal vez podrían haber sido anillos, superficies, mallas o cualquier otra forma ¿o acaso la estructura de ADN tiene algo único y especial? [40]) que tienen la propiedad de emparejar en forma de llave-cerradura materia de forma simétrica, de manera que a partir de un único hilo se forman dos hilos que son el uno espejo del otro. Bajo ciertas condiciones, estos dos hilos simétricos se separan, abriéndose como una cremallera, de manera que ahora cada uno de esos dos hilos puede volver a atraer materia formando de nuevo el doble hilo. A partir de un hilo, y disponiendo de materia suficiente, tendríamos dos, después cuatro, ocho y así sucesivamente.

---

[40] cnb.csic.es/index.php/es/cultura-cientifica/noticias/item/1425-se-desvela-el-misterio-de-por-que-el-adn-se-enrolla-al-estirarlo-y-el-arn-se-desenrolla

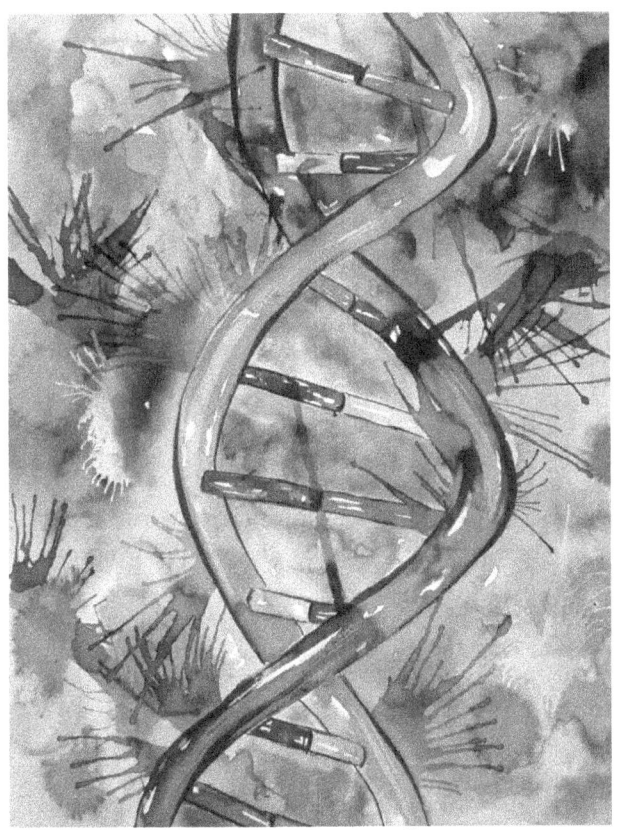
Acuarela: Adriana F. Caiaffa

Podemos suponer que en el proceso de copia se producían errores, lo que genera diversidad. También podemos suponer que llegó un momento en que la materia empezó a escasear. Los hilos podrían "robarse" materia unos a otros. Precisamente para evitar ser robado, algunas copias podrían haber desarrollado una suerte de escudo o capa protectora: surge entonces la célula. Por supuesto, esta capa protectora no es algo que alguien desarrolló intencionadamente. Simplemente, por error en el proceso de copia, algunas cadenas produjeron capas protectoras, más o menos rudimentarias, mientras que otras no lo hicieron. Aquellas que se protegieron se reprodujeron más que las que no lo hicieron.

En este proceso algunos replicantes con la misma información genética empezaron a actuar conjuntamente, de forma colaborativa. Se trata de la aparición de los seres pluricelulares, hace 1.700 millones de años. Inicialmente por simple azar, y después seleccionado por su utilidad reproductiva, los conglomerados de células desarrollaron especializaciones. Unas células se especializaron en el desplazamiento, pues estando en movimiento es más fácil encontrar los nutrientes necesarios para reproducirse. Para hacerlo en un líquido, parece buena idea desarrollar una hélice. Y mucho mejor si pudiéramos tener algún tipo de sensores (receptores de moléculas, es decir, "olores" o receptores de fotones, es decir "ojos") que nos indiquen hacia dónde ir o de dónde escapar, además de un cerebro o sistema con el que procesar toda esta información.

Estos seres pluricelulares poblaron primero el mar, después la superficie de la tierra, y más tarde incluso el cielo, desarrollando la capacidad de volar.

Entre ellos, surgió un tipo de especie, un tipo de organismo pluricelular, que es ahora la especie dominante. Pudieron ser dos o cuarenta, pero el caso es que actualmente es una, con diferencia, la especie dominante: la humana. Esta especie ha vivido una revolución industrial y ahora se encuentra viviendo una revolución de la información que podría desembocar en la creación de una Inteligencia Artificial Fuerte y posiblemente la colonización de la galaxia, no sabemos si por seres humanos, por máquinas construidas por los humanos o por una combinación de ambos.

En esta historia de la vida no ha aparecido en ningún momento la sintiencia. No es necesaria para explicar la evolución de la materia hacia la vida. Todo el fenómeno de la evolución se explica de forma reduccionista, aludiendo a las propiedades físicas de la materia y nada más. La evolución no requiere de la sintiencia.

Yuval Noah Harari. Fuente: wikipedia

Tal como explica Yuval Noah Harari en su libro "Homo Deus", La sintiencia podría ser como el ruido del motor del avión. Tal vez no sirve para nada, pero no la podemos evitar.

Por tanto, tenemos que combinar y hacer coherentes dos ideas: la primera, que la sintiencia no es necesaria en la evolución. La segunda: que la sintiencia existe.

Mapa de alternativas de la experiencia sintiente

Podemos establecer diversas hipótesis acerca del origen de la capacidad de sentir. La siguiente figura trata de organizarlas en cuatro grandes grupos.

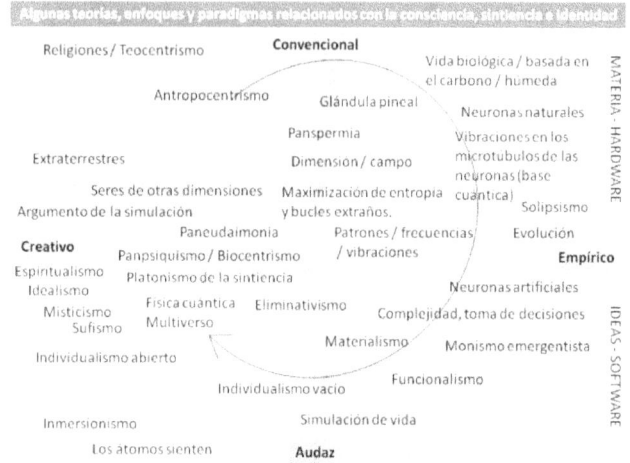

Un mapa con algunas teorías, enfoques y paradigmas relacionados con la consciencia, sintiencia e identidad. Manu Herrán

En esta imagen trato de presentar de forma global algunas de las teorías y enfoques sobre la sintiencia / consciencia / identidad, y en general, sobre la realidad, agrupadas en cuatro grandes grupos[41]. La enumeración no es exhaustiva y varias de estas teorías podrían estar clasificadas en más de un grupo a la vez. He tratado de dar significado a la posición de cada etiqueta, aunque en algunos casos no ha sido fácil decidir dónde colocarla.

El primer grupo son las que llamo teorías o visiones del mundo de tipo DIOS, que hacen referencia a seres o realidades superiores a la nuestra, y que de alguna forma la determinan, como por ejemplo las religiones.

El segundo grupo lo llamo PARTÍCULA y se trata de aquellas teorías o hipótesis que consideran que para la existencia de la

---

[41] manuherran.com/un-mapa-de-teorias-enfoques-y-paradigmas-relacionados-con-la-consciencia-la-sintiencia-y-la-identidad

capacidad de sentir es necesario algún componente (por lo general, material) en particular como, por ejemplo, componentes biológicos, húmedos, basados en el carbono.

El tercer grupo de teorías son las EMERGENTISTAS, las más populares entre los científicos modernos, que consideran que, partiendo de una base material, la sintiencia emerge si se dan ciertas condiciones.

El cuarto grupo lo denomino MATRIX, porque según estas teorías nada es lo que parece y ponen en duda nuestras intuiciones sobre la sintiencia y sobre la realidad en general.

Las teorías de la parte superior son las más CONVENCIONALES mientras que las de la parte inferior son las más AUDACES. He tratado de colocar a la derecha aquellas teorías con un enfoque más EMPÍRICO y a la izquierda las más CREATIVAS.

Tanto históricamente como a nivel personal, no es extraño observar una evolución de las creencias en el orden indicado, que he ilustrado con una flecha: DIOS, PARTÍCULA, EMERGENCIA y MATRIX. De alguna forma, este recorrido intelectual vuelve al punto de partida.

Si me preguntasen acerca de la probabilidad que asigno a cada uno de los cuatro tipos de teorías, yo diría que algo así como: 1%, 25%, 75% Y 99%[42].

En cuanto a los modelos morales (prototipos) de cada cuadrante, creo que más o menos podrían ser de la siguiente forma

Cuadrante 1 (DIOS)

El prototipo moral de quienes tienen estas creencias es el de personas solidarias, altruistas, preocupadas por los derechos

---

[42] La suma no necesariamente ha de ser 100% ya que varias posibilidades pueden darse al mismo tiempo.

humanos, en contra de la tortura y de la pena de muerte y que colaboran con organizaciones humanitarias. Consideran y valoran por igual a todos los seres humanos independientemente de su inteligencia, cultura, país, edad, identidad sexual, preferencias sexuales, preferencias políticas, raza, color de la piel, capacidades, etc. Son contrarios a la experimentación (involuntaria y perjudicial) con seres humanos.

Cuadrante 2 (PARTÍCULA)

Estas personas comparten las preocupaciones morales del cuadrante 1, pero además incluyen a todos los animales con sistema nervioso central. Son defensores de los derechos de los animales. Tratan de minimizar el sufrimiento de todos los seres que sienten. Son contrarios a la experimentación con animales, y también con sistemas neuronales biológicos, ya que éstos podrían generar sintiencia y sufrimiento.

Cuadrante 3 (EMERGENCIA)

Además de asumir las posiciones morales de los cuadrantes 1 y 2, estas personas consideran la posible emergencia de sintiencia en máquinas y por tanto los derechos robots, simulaciones informáticas y en general, software, que haya sido construido de forma similar o bajo condiciones similares a aquellas bajo las cuales hemos sido construidos nosotros, los seres biológicos que sentimos. En concreto previenen del riesgo implícito en la construcción de sistemas físicos o digitales muy complejos, capaces de razonar y/o capaces de evolucionar.

Cuadrante 4 (MATRIX)

Quienes consideran estas hipótesis, además tener en cuenta las tres posiciones morales descritas anteriormente, tienen en cuenta otras posibilidades relacionadas con la física y la filosofía del sufrimiento que pueden ser muy poco intuitivas e incluso podrían considerarse improbables, pero cuyas implicaciones en relación a la prevención del sufrimiento, en caso de ser ciertas, serían inmensas; y por tanto consideran moralmente correcto y necesario dedicar al menos una parte de los recursos disponibles a investigar acerca de estas posibilidades.

La respuesta a la pregunta acerca de la posible sintiencia en máquinas, según cada uno de los cuadrantes, con matices, me parece que sería la siguiente:

Cuadrante 1 (DIOS)

"La pregunta es absurda. Las máquinas no pueden sentir. Los animales no humanos podrán hacerlo, pero no es muy relevante, ya que el único ser relevante es el ser humano, hecho a imagen y semejanza de Dios. La humana es la especie elegida, el pueblo elegido, ungido de divinidad, lo que le legitima para usar a los animales en su provecho y por supuesto, también a las máquinas".

Cuadrante 2 (PARTÍCULA)

"Las máquinas secas, hechas de metal y plástico, no pueden sentir. En cambio, una máquina biológica, construida mediante células artificiales, sí podría hacerlo".

Cuadrante 3 (EMERGENCIA)

"Nosotros los humanos, así como el resto de los animales y todos los seres vivos, somos, en definitiva, máquinas. Por tanto, lo que se conoce como robots, y en general las máquinas construidas por humanos e incluso simulaciones artificiales podrán sentir si se dieran ciertas condiciones de complejidad y evolución en un entorno adecuado, como ha ocurrido con nosotros, los animales".

Cuadrante 4 (MATRIX)

"No sólo los robots podrían sentir. Es que los átomos y hasta las ideas podrían sentir. No entendemos bien la realidad y no sabemos lo que es posible".

¿Acaso los robots pueden sentir?

Voy a dar algunos ejemplos que considero muy gráficos en cuanto a la argumentación de la posible sintiencia en máquinas:

1. La experiencia del rojizo la obtenemos a partir de luz de longitud de onda de unos 660 nanómetros. Esto no quiere decir que todos los seres con ojos generen la experiencia del rojizo con luz de longitud de onda de unos 660 nanómetros. Algunos seres podrían generar esta experiencia de otras maneras, con otras longitudes de onda, tal como el mismo disco LP suena diferente en diferentes reproductores (a 33 y 45 rpm) y dos discos diferentes pueden sonar igual en diferentes reproductores.

2. La naturaleza crea recipientes naturales en las rocas, mediante el desgaste en formas caprichosas. Los humanos creamos recipientes artificiales tallando rocas. Los recipientes, gracias a su forma, adquieren la propiedad emergente de retener líquidos. Esto no quiere decir que no podamos crear otros recipientes artificiales, con la misma propiedad emergente, mediante otros materiales, como madera o barro.

3. Los humanos creamos casas de piedra que adquieren la propiedad emergente de servir de refugio. Esto no quiere

decir que no seamos capaces de construir casas con los palitos de remover el café.

y ahora:

4. La naturaleza crea seres capaces de experimentar placer y dolor mediante neuronas naturales húmedas. Esto no quiere decir que no podamos crear otros seres artificiales capaces de experimentar placer y dolor mediante otro tipo de elementos que no sean las neuronas naturales húmedas.

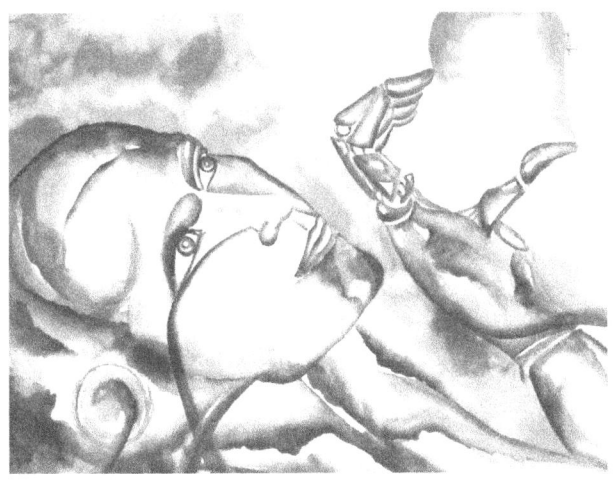

Acuarela: Adriana F. Caiaffa

Es decir:

1. Tenemos evidencias suficientes para decir que el rojizo se genera en los humanos con luz de longitud de onda de unos 660 nanómetros. No tenemos evidencias suficientes para

decir que el rojizo no se genera en otros seres de otras formas.

2. Tenemos evidencias suficientes para decir que la piedra tallada de determinada forma se comporta como recipiente. No tenemos evidencias suficientes para decir que para que exista la propiedad emergente de "ser recipiente" haga falta un sustrato pétreo.

3. Tenemos evidencias suficientes para decir que podemos construir casas de piedra que sirven de hogar. No tenemos evidencias suficientes para decir que para que exista la propiedad emergente de "servir de hogar" haga falta, de nuevo, un sustrato pétreo. Y finalmente:

4. Tenemos evidencias suficientes para decir que las neuronas naturales húmedas producen seres con la capacidad emergente de experimentar placer y dolor. No tenemos evidencias suficientes para decir que para que existan seres con la capacidad emergente de experimentar placer y dolor hagan falta neuronas naturales húmedas.

Conclusión:

No tenemos evidencia suficiente para decir que los robots artificiales, hechos de neuronas artificiales, no son capaces de sentir.

Puedes decir que tu intuición te dice que los seres sin neuronas naturales húmedas no pueden sentir, de la misma manera que puedes decir que tu intuición te dice que las casas que sirven de refugio deben estar hechas de piedra, y no de palitos para remover el café.

Lo relevante son los intereses

Los seres que sienten tienen intereses, por ejemplo, interés en disfrutar e interés en evitar el sufrimiento. Por supuesto, muchos intereses están enfrentados. Llegados a este punto, lo moralmente relevante ser capaces de saber quiénes son los seres que pueden sentir, y ser capaces de medir sus intereses, para poder aplicar unos recursos limitados en satisfacer estos intereses, además de para poder resolver conflictos de interés.

Podemos hacer una categorización de los intereses y experiencias en tres dimensiones:

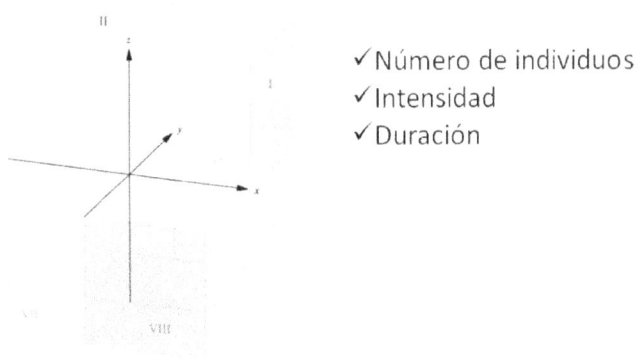

✓ Número de individuos
✓ Intensidad
✓ Duración

Categorización de las experiencias en tres ejes.

Los intereses son relativos a experiencias presentes o del futuro. Los seres tienen interés en que sucedan ciertas cosas, y dejen de suceder otras.

A las experiencias que no deseamos podríamos darles un valor negativo, y a las deseables podríamos darles un valor positivo.

Todas las experiencias se podrían representar en un espacio tridimensional donde cada punto sería una experiencia, y los ejes serían el número de individuos que la experimentan, la intensidad (que podría ser positiva para cosas deseables y negativa para las indeseables) y la duración de la experiencia.

Cada experiencia, como por ejemplo romperse un tímpano por accidente, podríamos descomponerla en una serie de sub-experiencias de distinta intensidad y duración. Como aproximación, podríamos decir que el primer minuto es de una intensidad muy dolorosa seguida de unos 5 minutos de una intensidad algo menor, etc. hasta la recuperación completa del tímpano.

Si tuviéramos este mapa de todas las experiencias podríamos concentrar nuestros recursos en tratar de prevenir las peores experiencias. Esto es precisamente lo que trata de hacer la organización con la que colaboro: OPIS (*Organisation for the Prevention of Intense Suffering*)[43] y por eso trabajamos en un proyecto para crear un mapa o sistema de visualización que transmita la dimensión de todo el sufrimiento que existe.

A esta reflexión todavía le podemos dar una vuelta de tuerca más. Ya que lo relevante son las experiencias y los intereses, no es necesario identificar seres, sino intereses. Es decir, en realidad no es necesario establecer donde empieza y acaba un ser, basta con saber cuáles son sus intereses (o sus posibles experiencias). Esto es interesante porque pueden existir seres sin contornos bien definidos, algo alejados de

---

[43] preventsuffering.org

nuestra idea habitual de "individuo" o "ser" según la cual está muy claro dónde empieza y dónde termina (en el tiempo y el espacio) cada ser.

Jonathan Leighton, fundador de OPIS (Organización para la Prevención del Sufrimiento Intenso)

Seres sin contornos bien definidos

¿Cómo es posible la existencia de seres sin contornos bien definidos? Veámoslo con dos ejemplos.

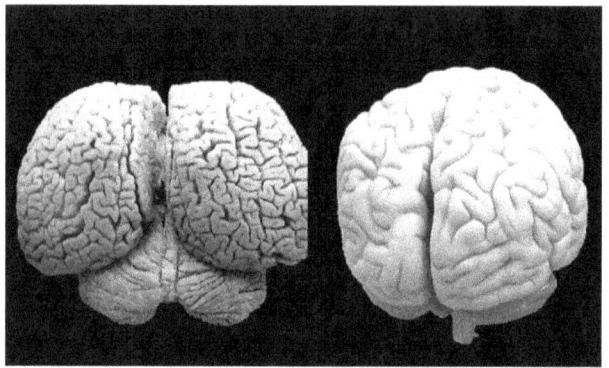

Cerebros delfín y humano

En esta foto podemos ver un cerebro humano y un cerebro de un delfín. Se dice que los delfines duermen cada vez con un lado del cerebro, mientras siguen nadando[44]. Los dos hemisferios del cerebro del delfín se muestran más "desconectados" que los del humano. Cuanta más separación existiera entre esos dos hemisferios, realizando funciones y controlando comportamientos independientes cada uno de ellos, tanto más plausible parece la idea de que en ese cerebro existan dos seres distintos.

---

[44] elmundo.es/elmundo/2006/01/26/ciencia/1138276801.html

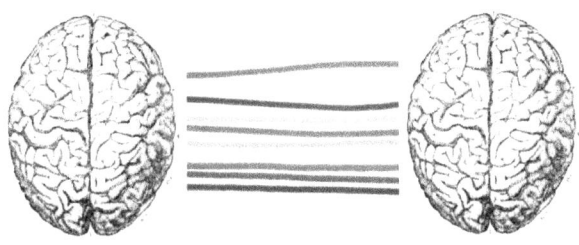

Cerebros conectados

Por el contrario, si fuéramos capaces de unir nuestras mentes, enlazando nuestros cerebros, tendiendo "cables" entre ellos y realizando funciones progresivamente más coordinadas, a medida que realizáramos estas conexiones resultaría cada vez más creíble pensar que estos dos cerebros puedan generar una única sintiencia.

En resumen, y dado que nuestro objetivo es no frustrar los intereses, la prioridad moral es considerar los mayores intereses, y para ello no es necesario establecer dónde empieza y dónde acaba un ser.

Es decir, moralmente no es estrictamente necesario identificar seres, sino intereses, y esto es muy relevante para el caso de la posible sintiencia en las máquinas ya que la sintiencia en las máquinas se puede producir, no en una máquina físicamente bien identificable, con contornos bien delimitados, sino en un sistema complejo, como por ejemplo Internet o un sistema compuesto de multitud de pequeños elementos (robots, programas etc.).

¿Por qué es importante la sintiencia de las máquinas? Porque la creación de máquinas capaces de sentir, en un proceso exponencial, por ejemplo, creando máquinas capaces de sentir que a su vez sean capaces de crear otras máquinas capaces de sentir, puede provocar una catástrofe moral de dimensiones astronómicas.

Intereses, deseos, preferencias, dolor y sufrimiento

En el contexto que nos ocupa, los conceptos de "sentir" y "tener intereses" implican preferencias que en definitiva resultan equivalentes: preferimos disfrutar tanto como sea posible, así como sufrir lo menos posible. Pero "interés" no es lo mismo que "deseo". Por ejemplo, yo deseo caminar hacia la máquina expendedora para comprar una chocolatina, pero desconozco que la chocolatina está envenenada y me produciría una dolorosa muerte. En este caso es moralmente deseable frustrar mi deseo de comprar la chocolatina impidiéndome el paso, incluso con cierta violencia, porque mi interés realmente es evitar comerme esa chocolatina, aunque yo no lo sepa.

Hay gente que dice que los utilitaristas negativos estamos obsesionados con el dolor, y tienen razón. Estas personas dicen que no solo existe el dolor físico (o "dolor"), sino también el dolor psíquico (o "sufrimiento") y que este sufrimiento también puede ser horrible, y tienen razón. También dicen que hay más cosas en la vida. Que hay otros intereses, no sólo el interés en dejar de sufrir, sino también el interés en disfrutar, y también aquí tienen razón. Además, dicen que no sólo existe el placer (físico), sino toda una gama de satisfacciones psíquicas muy complejas que son deseables, y tienen razón. Dicen que hay masoquistas para quienes pequeños "dolores" pueden ser motivo de satisfacción y placer y que lo relevante no es simplemente "el dolor", sino el interés en que suceda o deje de suceder algo, y tienen razón. Por ejemplo, hay radiaciones cancerígenas mortales que no se notan, no producen dolor. En cierto lugar se pueden producir estas radiaciones y tal vez podemos experimentar placer yendo a ese lugar, pero en el fondo eso no nos interesa, incluso aunque no lo sepamos.

También dicen que el dolor es útil: puede conducir al crecimiento personal, a veces nos puede servir para apreciar el valor de las cosas positivas, y sobre todo nos sirve como alerta para evitar las negativas. Prueba de ello son las personas que sufren cierto tipo de neuropatías hereditarias, como la insensibilidad congénita al dolor con anhidrosis[45], una enfermedad rara que afecta a algunos seres haciéndoles insensibles al dolor físico, cuyos cuerpos acaban siendo dañados inadvertidamente, reduciendo en mucho su esperanza de vida. Tienen razón.

Hay quienes dicen que centrarse en el sufrimiento es deprimente, y en algunos casos puede ser cierto. También dicen que ignorar el dolor y no prestarle atención es una forma de aliviarlo, y es cierto que en algunos casos este mecanismo psicológico funciona. Pero extender esta idea y proponer aplicar un "pensamiento positivo" (sería más correcto llamarlo *wishful thinking*, un "pensamiento ilusorio" [46])

45

es.wikipedia.org/wiki/Insensibilidad_cong%C3%A9nita_al_dol or_con_anhidrosis

a todas las circunstancias de la vida, ignorando el sufrimiento, es cruel y es una de las mayores estupideces que se puede llegar a hacer. Si no prestásemos atención al dolor y al sufrimiento no existiría la anestesia y no existirían los cuidados paliativos. No existiría de hecho, la medicina.

Hay dos tipos de intereses: positivos y negativos. Interés en "ir" e interés en "escapar". Interés en que algo ocurra e interés en que algo no ocurra. Los primeros se asocian habitualmente al placer (interés en comer, en tener sexo). Los segundos al dolor (evitar un depredador o una quemadura). En este resumen[47] de mi conferencia sobre "Sintiencia en máquinas" desarrollo algo más la idea de la diferente utilidad de estos dos tipos de experiencias (pág. 5-7).

Considero que no hay una diferencia sustancial, esencial, entre dolor físico y psíquico. Pero para los humanos ricos privilegiados de nuestro tiempo, la diferencia es relevante. ¿Por qué? Porque hemos logrado evitar tan bien el dolor físico con anestésicos, analgésicos y otros medicamentos, que lo que nos preocupa y obsesiona ahora es el dolor de origen psicológico. Lo más relevante del dolor psíquico, ahora, es que es "ese dolor que aún no hemos podido evitar".

En mi caso, cuando escribo, cada vez que hablo de dolor me refiero también al dolor psicológico. Y cada vez que hablo de placer me refiero también a la satisfacción más sublime que pueda imaginarse, como ser admirado, o el sentido de trascendencia, la espiritualidad etc. Si hay alguien que disfruta con pequeños dolores, eso lo clasifico como placer, como "cosas que quiero que sucedan". Eso es en realidad lo importante: los intereses.

---

[46] es.wikipedia.org/wiki/Pensamiento_desiderativo
[47] academia.edu/30692043/Sintiencia_en_m%C3%A1quinas

¿Cómo puede no existir la voluntad?

Se podría considerar que la insensibilidad congénita al dolor que hemos mencionado antes es un argumento definitivo en favor de la idea de que la sintiencia es útil.

Efectivamente, este caso parece indicar que sin la adecuada motivación (debida al placer o al dolor), el cuerpo no reaccionaría haciendo aquello que es evolutivamente más ventajoso (sobrevivir y reproducirse). Sin embargo, todavía podemos considerar otra posibilidad. Por ejemplo, supongamos que se me acerca un objeto demasiado caliente. En circunstancias normales mi reacción será sentir dolor y apartarme. Tanto si lo hago en forma de acto reflejo como si lo hago de una forma más consciente y elaborada, en ambos casos pudiera ocurrir que simplemente mi cuerpo está programado para reaccionar de determinada manera y al mismo tiempo, tal vez como una consecuencia inevitable de lo anterior, experimentar cierta sensación. Y en el caso de la insensibilidad congénita al dolor mi cuerpo no haría ninguna de las dos cosas: ni sentiría dolor ni se apartaría.

Es decir, es posible que el daño en unos tejidos (suceso material) produzca la emergencia de la sensación dolorosa (suceso experiencial), y que, a su vez, este suceso subjetivo (que no es algo material, sino que se encuentra en el mundo de las experiencias) actúe sobre la materia, dando la orden al cuerpo de apartarse (y en este caso, la materia no estaría siguiendo las leyes de la física). Pero también pudiera suceder que el daño en los tejidos produzca al mismo tiempo tanto la reacción física de apartarse como la sensación dolorosa, siendo esta última no útil, sino inevitable, por ir intrínsecamente unida a la reacción de apartarse (y el suceso experiencial no tendría efecto en el mundo material).

Es decir, la idea de que la sintiencia es útil va unida a la idea libre albedrío; y la idea de que la sintiencia es inevitable se asocia a la falta de libre albedrío. ¿Cómo puede no existir el libre albedrío?

Depende de cómo definamos "libre albedrío", lo podemos considerar una ilusión o no. Antes de entrar a definir "voluntad" o "libre albedrío", hay otras confusiones que resulta adecuado aclarar: libre no es lo mismo que impredecible.

- Ser impredecible no implica ser libre: si tuviéramos un sistema físico aleatorio, diríamos que es impredecible pero no diríamos que por ello es libre.
- Ser libre no implica ser impredecible: puedo libremente decidir tomar siempre la misma decisión, y los demás podrán predecir correctamente mi futura acción.

A nivel "macro" podemos considerar que "todo tiene una causa" (genes, entorno), pero en este asunto de la voluntad realmente no importa si nuestro comportamiento está determinado o no, si es predecible o no, si es aleatorio o no. La libertad consiste en tener la *sensación* de ser libre. Se trata de tener la experiencia de que es uno mismo quien toma las decisiones. Lo que llamamos *libertad* (o libre albedrío, o voluntad) es realmente *identidad*: "Soy libre cuando lo decido yo".

Habitualmente asociamos visualmente la palabra libertad a un espacio físico inmenso, sin límites ni obstáculos, y la falta de libertad a una cárcel. Pero a ninguno de nosotros nos gustaría que nos sacaran de la cárcel para dejarnos abandonados en la sabana africana a merced de los depredadores, o en la superficie de la luna sin oxígeno. La libertad está subordinada al concepto de interés. No es más libre aquel a quien se le ofrecen más alternativas, sino aquel que puede elegir aquello que más desea. Ser libre consiste ante todo en poder satisfacer los propios deseos e intereses.

El deseo de libertad es uno de los deseos más fuertes que existen, y ese es el motivo por el que debemos tratar de respetarlo: en general los individuos quieren ser libres, es decir, quieren tener la sensación de que toman sus propias decisiones, y en general quedarían frustrados si no se les permite hacerlo.

Hay quien se pregunta: *"Si estamos predeterminados por genes + ambiente ¿qué hacemos con todos los penados? ¿Abrimos todas las cárceles?"*. La respuesta es sencilla: ¿cuál era la finalidad de esa pena de cárcel? Según distintas teorías la finalidad puede ser la sanción (compensación, reacción), la prevención, enmienda, readaptación, etc. Bien, pues dicha finalidad de la pena no se ve afectada por el hecho de no creer en la libertad en el sentido habitual de la palabra. Esta idea se puede aplicar igualmente a humanos, animales no humanos y a robots.

Estableciendo prioridades: un ejemplo ilustrativo

Imaginemos que yo me "sacrifico" por otra persona a la que aprecio, experimentando cierto sufrimiento para evitárselo a otro, incluso cuando ese sufrimiento que yo experimente sea mayor que el que estoy evitando en la otra persona.

Si decido sufrir yo (un sufrimiento que llamaré S1) para que otros seres queridos no sufran (un sufrimiento que llamaré S2), incluso aunque mi sufrimiento (S1) visto de forma individual sea mayor que el sufrimiento potencial que estoy evitando en mi ser querido (S1 > S2), estoy eligiendo entre dos males un mal menor, ya que en realidad mi valoración global de la situación es que es peor que sufra ese ser querido a que lo haga yo, ya que ese S2 de mi ser querido, si existe, implica un nuevo sufrimiento por mi parte (S3) que está originado por mi propia valoración de la existencia de S2. Elijo sufrir yo (S1) y al hacerlo, sufro menos, visto globalmente (porque S1 < S2+S3). De esta forma estoy evitando la que es para mí la peor de las situaciones (S2+S3), es decir, que mi ser querido sufra (S2) junto con mi valoración de la importancia de ese sufrimiento (S3), e ignorando la valoración de mi ser querido, que curiosamente podría ser la simétrica.

Como puede observarse, todo es un asunto de preferencias e intereses. Podría emplear la palabra interés cuando escribo, pero interés suena a "película interesante". Y preferencias suena a "pedir en un restaurante". "Dolor" refleja mucho mejor lo que está ocurriendo. Por supuesto, lo moralmente relevante es la satisfacción de preferencias, o los intereses, que es lo mismo.

El siguiente asunto interesante por tratar es valorar cuáles son los intereses o preferencias más relevantes. La axiología es la rama de la filosofía que se ocupa de las valoraciones, de lo que es valioso, y trata de responder a la pregunta: "¿qué es importante?"

Los utilitaristas negativos nos hacemos la pregunta, y para responderla, hacemos un ejercicio de imaginación y empatía para suponer como puede ser experimentar todo tipo de situaciones, los mayores placeres físicos y psicológicos como, por ejemplo, los mayores orgasmos, recibir un premio nobel, enamorarse y ser correspondido, triunfar en el karaoke o dirigir esa película que siempre quisiste hacer… lo que sea… Y también los mayores dolores y sufrimientos… y llegamos a la conclusión de que evitar el sufrimiento (y especialmente, en mi opinión, evitar el sufrimiento intenso) es la mayor prioridad moral. Es decir, que evitar el sufrimiento intenso es lo más valioso.

Considero que recoger testimonios de quienes han sufrido cosas horribles como torturados o grandes quemados puede ser muy útil. Esas personas posiblemente conocieron también la felicidad y el amor o al menos el placer del orgasmo. Conocen ambos mundos. ¿Cuáles son para ellos las prioridades? Podríamos preguntarles si estarían dispuestos a pasar de nuevo por esa experiencia con tal de disfrutar de ciertas cosas; o por el contrario, estarían dispuestos a dejar de disfrutar de ciertas cosas, con tal de evitar dicha experiencia. Esto nos puede ayudar a entender qué es valioso. Así como las personas que nunca han experimentado un orgasmo deberían tener dificultad para apreciar su valor positivo, es razonable considerar que las personas que nunca han sido torturadas (la mayoría) o que nunca han sufrido la agonía de los instantes previos a la muerte (todas) no puedan apreciar correctamente su valor negativo. Si reflexionar acerca de las cosas muy negativas y terribles nos produce desasosiego y rechazo, cosa que es comprensible, corremos el riesgo de estar ignorando o infravalorando la mayor de las prioridades morales: aliviar y prevenir el sufrimiento extremo.

Los privilegiados que pertenecemos a grupos sociales que hemos logrado mantener razonablemente a raya al dolor físico deberíamos prestar más atención a aquellos que lo sufren, especialmente en los casos en los que es más difícil de entender, como en el caso de animales no humanos, o enfermos terminales que fallecen sin los cuidados paliativos adecuados. En particular, existe el terrible riesgo de que infinidad de muertes humanas se estén produciendo sistemáticamente en forma de sufrimiento extremo, mientras los médicos están más preocupados por evitar posibles problemas legales que por proporcionar analgésicos fuertes que alivien el dolor, y los familiares, si existen, muchas veces cometen el error de mantenerse al margen, acobardados frente a los médicos por su propia falta de conocimiento, vulnerables a las arbitrariedades de los criterios de las distintas religiones, e impresionados por el aspecto filosófico de que un ser querido va a fallecer y dejar de existir.

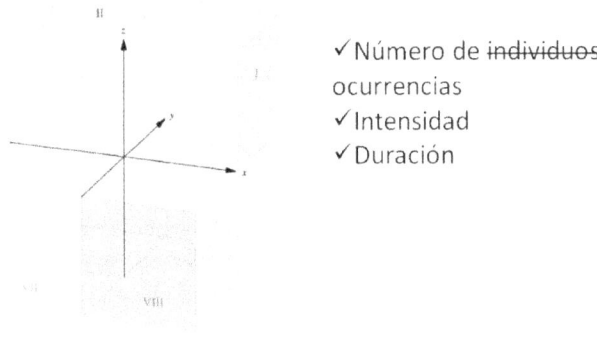
- ✓ Número de ~~individuos~~ ocurrencias
- ✓ Intensidad
- ✓ Duración

Categorización de intereses / experiencias en tres dimensiones

En ese espacio tridimensional, y con el objetivo de ser lo más efectivos, sería interesante conocer dónde se encuentra el máximo número de ocurrencias de sufrimiento, de mayor intensidad y duración, para colocar ahí nuestros recursos limitados. Y según ciertas teorías de la sintiencia, es muy posible que en un futuro próximo dichas ocurrencias de sufrimiento ocurran en seres que consideramos "máquinas".

Por extraño que parezca, incrementar la felicidad no es relevante

Imaginemos un mundo donde todos los seres sean felices y no existan experiencias negativas.

En este mundo, ser envidioso sería imposible, porque la envidia es una experiencia negativa. En este mundo, algunas personas serán felices y otras incluso más felices, pero a nadie realmente le importará cuánto. Creo que este es un buen argumento a favor del utilitarismo negativo, es decir, que reducir el sufrimiento es moralmente relevante, pero aumentar la felicidad no es moralmente relevante.

En este mundo imaginario, incluso siendo algo bueno aumentar la felicidad, no sería moralmente relevante. Porque no sería relevante en absoluto.

El aumento de la felicidad no es relevante por definición. Incrementar la felicidad es "bueno", pero no es "relevante". ¿Por qué? Si alguien está por encima del cero, realmente encima del cero, sin ninguna experiencia negativa (como estar celoso de la felicidad de otros), por definición ese ser ya es feliz y ser más feliz es… bueno… es "bueno", sí, pero no es relevante en absoluto. Es muy difícil para nosotros imaginarlo, tal vez porque nunca hemos estado en ese estado o incluso porque nunca hemos conocido a nadie que haya alcanzado ese estado. Pero podemos tratar de imaginar a alguien muy calmado, sin miedo, completamente relajado y satisfecho con presente, pasado y futuro. Podemos imaginar a esa persona recibiendo buenas noticias, una tras otra, o disfrutando de algunos placeres, algunos buenos y otros mejores. En cualquier momento esa persona estará satisfecha. Definitivamente feliz, de una manera en la que ser más feliz no es de gran importancia.

Si ser más feliz es realmente una preocupación, no estamos siendo felices en absoluto: estamos frustrados. La verdadera felicidad tiene que incluir algún tipo de "tranquilidad" en la que preferimos estar mejor, y probablemente no tengamos nada mejor que hacer que ser más felices, pero realmente no necesitamos estar mejor. Así que es bueno, pero no es relevante.

¿Sobre quién recae la carga de la prueba?

He dicho que los animales somos máquinas y que las máquinas podrían sentir, incluso las máquinas que no han sido creadas por la evolución.

Podemos declarar toda suerte de cosas cabales o inverosímiles, pero para que una aseveración sea tomada en cuenta seriamente debe estar soportada por evidencias, o ser por sí misma autoevidente. Es decir, todo aserto tiene la carga de la prueba. Ante la pregunta general "¿Quién tiene la carga de la prueba?", la respuesta general es: todas las tesis (y todos los autores de las tesis) tienen la carga de la prueba.

Ahora bien, cuando se habla acerca de "quién tiene la carga de la prueba" habitualmente se hace referencia al caso particular en el que, existiendo una expresión y su contraria (la opuesta), y teniendo una de ellas suficientes o bastantes evidencias y la otra pocas o ninguna, le corresponde al autor del segundo enunciado (falto de evidencias) mostrar éstas.

El clásico *"affirmanti incumbit probatio"* quiere decir que dentro de una discusión corresponde a quien afirma demostrar la existencia de lo afirmado. En este contexto existe una terrible confusión con la palabra "afirmación". Es una palabra que no he usado en los párrafos anteriores, empleando en su lugar sinónimos como: declaración, aseveración, aserto, tesis, expresión o enunciado. La confusión consiste en creer que la palabra "afirmación" implica una declaración de algo que existe o sucede, en positivo. Tal como explica esta entrada de Wikipedia consultada en agosto de 2017: *"No debe confundirse la afirmación como acto de reconocimiento de una verdad enunciada, con el hecho de que dicho enunciado sea gramaticalmente afirmativo o negativo. Una negación sigue siendo, bajo el punto de vista lógico, una afirmación. La afirmación puede ser enunciada tanto afirmativamente como negativamente"*[48].

El que afirma debe mostrar las evidencias de lo afirmado, y esto se aplica a todas las afirmaciones, ya sean gramaticalmente afirmativas o negativas. Esta idea también es mencionada en la Wikipedia consultada en agosto de 2017: *"El onus probandi ('carga de la prueba') es una expresión latina del principio jurídico que señala quién está obligado a probar un determinado hecho ante los tribunales. El fundamento del onus probandi radica en un viejo aforismo de derecho que expresa que «lo normal se entiende que está probado, lo anormal se prueba» [...] el onus probandi significa que quien realiza una afirmación, tanto positiva («Existen los extraterrestres») como negativa («No existen los extraterrestres»), posee la responsabilidad de probar lo dicho"*.

Es decir, la carga de la prueba no siempre recae en quien afirma que algo existe o sucede (en positivo). También puede recaer en quien afirma que algo no existe o no sucede (aunque esto sea muchísimo menos común). Por ejemplo, yo puedo afirmar "yo existo" o "la silla en la que estoy sentado existe". Disponiendo de evidencias de ambas cosas, si mi

---

[48] es.wikipedia.org/wiki/Afirmaci%C3%B3n#Afirmativo_y_negativo

interlocutor afirma lo contrario, es decir "tu no existes" o "la silla en la que crees que estás sentado no existe", será él quien tenga que aportar argumentos de sus afirmaciones gramaticalmente negativas. En resumen, en el caso de dos afirmaciones opuestas, la carga de la prueba recae sobre aquel que expresa aquella idea con mayor incertidumbre (menor certidumbre). Otro ejemplo: "El sol saldrá mañana" es una afirmación que se aproxima a la certidumbre absoluta, por lo que, en el caso de dos afirmaciones opuestas, quien debe soportar la carga de la prueba es quien diga "El sol no saldrá mañana".

Si alguien afirma que hay una tetera de porcelana[49] que está girando alrededor de Marte, es a dicha persona a quien le corresponde argumentar en favor de dicha aseveración, pero no porque se trate de una aseveración gramaticalmente afirmativa, tal como he comentado, sino porque se trata de una declaración arbitraria, y lo razonable es pensar que es más probable la no existencia de dicha tetera que lo contrario.

Un concierto de David Bisbal

Dado que el debate sobre la "carga de la prueba" es una cuestión de disponer de más o menos evidencias, en muchos casos no habrá un claro ganador, y ambos tendrán la "carga de la prueba", aunque es posible que uno más que otro.

---

[49] es.wikipedia.org/wiki/Tetera_de_Russell

Por ejemplo, sabemos que una de cada 25 personas es portadora del gen que produce la fibrosos quística[50].

Si tomamos una persona X al azar y

- A dice que X posee el gen que produce la fibrosos quística
- B dice que X no posee el gen que produce la fibrosos quística

la carga de la prueba recae sobre A (quien afirma que algo existe).

Pero si tomo las 3.000 personas que fueron al último concierto de David Bisbal en Almería y

- A dice que al menos una de ellas posee el gen que produce la fibrosos quística
- B dice que ninguna de ellas posee el gen que produce la fibrosos quística

la carga de la prueba recae sobre B (quien afirma que algo no existe).

Ahora bien, si un cantante de menor éxito únicamente reunió a 20 o 30 asistentes a su concierto, ambas afirmaciones tendrían claramente la carga de la prueba, que será mayor o menor en función de la mayor o menor incertidumbre de la afirmación.

En resumen, todas las afirmaciones deben ser probadas, tanto más cuantas menos evidencias tengan, y ya sean afirmaciones afirmativas o negativas. Éste no es un asunto binario en el que

---

[50] fqandalucia.org/fibrosis-quistica/que-es-la-fibrosis-quistica

uno tiene la carga de la prueba y el otro no, sino que una afirmación tendrá más o menos evidencias y por tanto menos o más "carga de la prueba". Cuando muchas evidencias se acumulan en una afirmación (afirmativa o negativa) y pocas o ninguna en la contraria, es cuando decimos que la segunda tiene la carga de la prueba, pero en realidad ambas la tienen.

A veces este debate se mezcla con la idea de que nada puede ser probado del todo y mucho menos las afirmaciones sobre la no existencia de algo, o con la idea de que las evidencias se obtienen a partir de algún tipo de prueba positiva[51]. Dadas dos afirmaciones opuestas, podremos acumular evidencias para una u otra. Ninguna será totalmente definitiva y si una de las dos acumula muchas y/o buenas evidencias y la otra ninguna, o muy pocas y débiles, diremos que la carga de la prueba recae en la segunda afirmación, pero solo como una forma de establecer una valoración global en relación a cuál de las dos es más débil que la otra.

En el caso de las afirmaciones sobre el gen de la fibrosis quística y las 3.000 personas que asistieron al concierto de David Bisbal, supongamos que las evidencias se obtienen únicamente a partir de las pruebas genéticas de la existencia positiva del gen. Inicialmente la tesis más probable será la que afirma, en base a la información conocida, que "al menos una de ellas posee el gen que produce la fibrosos quística", pero si a medida que realizamos test genéticos, uno por uno, observamos la ausencia del gen, cuando nos queden 12 personas por analizar (menos de la mitad de 25), la carga de la prueba se habrá invertido y la tesis más probable será ahora que "ninguna de ellas posee el gen que produce la fibrosos quística".

---

[51] aech.cl/2014/01/ausencia-de-evidencia-se-puede-demostrar-un-negativo

En el caso de la afirmación "El Dios cristiano descrito por la Biblia existe" o cualquier otra afirmación relativa a seres divinos o mitológicos concretos, específicos, descritos por alguna de las 4200 religiones vivas en el mundo o alguna de las ya extintas, es a quien realiza dicha afirmación sobre quien recae la carga de la prueba. Pero esto no quiere decir que no tengamos absolutamente ninguna evidencia en favor de la primera hipótesis[52], por leve que sea. Si alguien experimentara que el dios cristiano le habla en sueños o en algún estado alterado de conciencia, podríamos contabilizar esta experiencia como una leve prueba a su favor, de la misma manera que si alguien cree ver un pingüino en el polo norte podemos dar un cierto peso a dicha percepción, aun cuando lo más razonable sea pensar que no hay pingüinos en el polo norte y que el dios cristiano, con todos sus detalles, es una invención.

A pesar de ello, por otra parte, si alguien afirmara que existe "algún tipo de ser superior o sobrenatural que es de alguna forma creador o responsable del universo que conocemos" (sin dar muchos más detalles) y otro afirmase lo contrario, me parece que no podemos establecer un claro ganador en la batalla por evitar la carga de la prueba.

LA CARGA DE LA PRUEBA EN SINTIENCIA ANIMAL

En el caso de la afirmación "Los seres con sistema nervioso central operativo poseen sintiencia", la carga de la prueba

---

[52] beliefmap.org

recaería sobre quien afirmase lo contrario, ya que existen abrumadoras evidencias de que los seres con cerebro sienten. Sin embargo, si alguien afirmase P1: "Los seres sin sistema nervioso central operativo no poseen sintiencia" y otro afirmase lo contrario, es decir, P2: "Hay seres sin sistema nervioso central operativo que poseen sintiencia" considero que no existe un claro ganador, y aun cuando concediéramos más validez a la premisa P1 que a la P2, debemos reconocer que el nivel de certeza (poca) que tenemos en este asunto (sobre la sintiencia o no de los seres sin cerebro) no es comparable a la certeza (mucha) que tenemos en cuanto al asunto de la sintiencia en los seres que sí tienen cerebro.

Por supuesto, las afirmaciones sobre la no existencia de algo que no existe se encuentran en muchos casos y en general en desventaja sobre las afirmaciones sobre la existencia de algo que sí existe. Por ejemplo, si la tetera de porcelana existiera, podría ser más sencillo localizarla y mostrar pruebas de su existencia que, no existiendo, mostrar indicios de su no existencia. Pero no siempre ha de ser así. Por ejemplo, en las afirmaciones sobre la existencia o no del gen de la fibrosis quística en una persona, basta con hacer el test y comprobar el resultado. La afirmación sobre la no existencia del gen no se encuentra en desventaja respecto de la afirmación sobre la existencia del gen.

Si bien es cierto que, tal como en el ejemplo de "Un dragón en el garaje" de Carl Sagan[53], demostrar en un debate y con rotundidad la no existencia de una entidad puede volverse una tarea imposible si a cada intento de refutación le sigue una adaptación de las características de dicha entidad para evitar las implicaciones de cualquier prueba física, esto no impide demostrar razonablemente la no existencia del dragón invisible, esto es, asignar mayor probabilidad a la no existencia de dicho fantástico dragón, recayendo la mayor carga de la prueba sobre quien afirma que existe.

---

[53] es.wikipedia.org/wiki/El_mundo_y_sus_demonios

Muchas discusiones relacionadas la carga de la prueba están originadas por la categorización binaria de las afirmaciones entre las aceptables y las no aceptables. Sin bien esto puede ser algo práctico, una concepción más bayesiana del concepto de evidencia, en el que no se manejan verdades que en la práctica se consideran absolutas, sino afirmaciones con mayor o menor grado de certeza, se ajusta mejor al conocimiento que realmente tenemos. Así, ninguna teoría sería considerada como totalmente verdadera, sino "la mejor que tenemos por el momento", y ninguna afirmación estaría totalmente exenta de la "carga de la prueba".

¿Cómo funciona el mecanismo que ignora la sintiencia de los animales no humanos?

He explicado en diversos pasos cómo funciona el mecanismo que permite reconocer la sintiencia en otros seres. Es evidente que este mecanismo nos permite reconocer la sintiencia en multitud de animales no humanos. Sin embargo, muchos humanos (la mayoría, de hecho) ignoran sistemáticamente la sintiencia de infinidad de animales ¿Cómo es esto posible? En mi opinion, se dan las siguientes situaciones:

- La ética es una farsa. Es una ficción que encubre pactos de cooperación beneficiosos para el individuo y sus genes. Cuando uno coopera, en general lo hace porque le resulta beneficioso (a él mismo y a sus genes), de una forma más o menos complicada o encubierta.

- Cada uno, además de preocuparse por uno mismo, se preocupa también por los seres genéticamente próximos. Esto sucede como sería previsible que sucediera si el comportamiento fuera guiado por el egoísmo de los genes, que construyen máquinas (cuerpos) con el único fin de la auto perpetuación de sí mismos (los genes). Esto deja espacio para un cierto altruismo.
- Los seres con mayor poder se ocupan, por tanto, de sí mismos, de sus hijos y otros parientes genéticamente próximos, y de sus parejas sexuales, amigos o colaboradores en la medida en la que sirvan a sus fines.
- Se forman comunidades humanas cada vez más grandes de acuerdo con este esquema. Unos grupos se enfrentan con otros sin ningún reparo ético (esclavitud, guerras).
- Dado que los demás humanos tienen un poder (fuerza, inteligencia) que nunca es despreciable (los esclavos, y los pueblos y naciones sometidas pueden, eventualmente, rebelarse) se establece un pacto entre todos aquellos que tienen cierto poder (los seres humanos). Esto desemboca en la declaración de los derechos humanos. Se establece un contrato de no agresión (contractualismo) entre los poderosos. Los que no alcanzan cierto nivel de influencia (animales no humanos), son ignorados.

¿Cómo es posible entonces la consideración de los animales no humanos?

Los siguientes motivos son compatibles con los anteriores. Los humanos consideran a los animales no humanos:

- Por interés, aun cuando sea de una forma más o menos complicada o encubierta, como puede ser el caso de las mascotas.
- Por interés, siendo la consideración moral de los animales una suerte de capricho moral o intelectual, una forma de destacar entre los demás, de alcanzar reconocimiento, una forma de encontrar sentido a una vida sin sentido.
- Por proximidad genética. Por ejemplo, es el caso de la empatía con los grandes simios. Y en realidad con cualquier animal. Al ser la proximidad un asunto de grado, las sociedades y personas, cuanto más desarrolladas estén, cuanto más cubiertas estén sus necesidades, tanto más estarán dispuestas a considerar moralmente a otros seres a mayores distancias genéticas.
- La evolución tiene efectos secundarios, epifenómenos, cuyo efecto puede llegar a ser muy

importante. Así ocurre con la música, con la belleza en general, y tal vez con la propia sintiencia. Lo mismo puede ocurrir con el altruismo.
- La máxima eficiencia la produce el altruismo total, por lo que es previsible un alineamiento de la evolución con una consideración por cada vez más seres sintientes, hasta alcanzarlos todos.

¿Realmente la culpa es del especismo?

Voy a mencionar dos casos reales de personas que reconocen abiertamente su egoísmo y algo que incluso podría calificarse como miseria moral, pero que tiene otras lecturas menos evidentes. Uno de ellos dijo que mataría a sus propias mascotas con tal de alargar un único día su propia vida o la de alguno de sus familiares cercanos o seres queridos. Otro dijo que sólo es "humano" en su tiempo libre. Que cuando está trabajando no es humano, sino implacable.

Creo que, si estos dos casos son representativos de algo extraordinario, ese algo no es más que una combinación de autoconocimiento y sinceridad. En mi opinión, la mayor parte de la bondad que observamos es fingida o interesada, y la mayoría de las personas con las que nos cruzamos a diario, bajo ciertas condiciones, nos matarían para robarnos si tuvieran la oportunidad de hacerlo con total impunidad (me refiero a una impunidad absoluta, en todos los sentidos, incluyendo el aspecto social, no únicamente ante las instituciones)[54].

De hecho, la mayoría de las personas participamos de la explotación de seres sintientes (animales no humanos) que son manipulados y asesinados impunemente en nuestro beneficio. En mi opinión, solo en un sentido superficial esto es debido a lo que llamamos especismo. En un sentido profundo no creo que existan el especismo, el racismo, el sexismo o el substratismo. Simplemente existen excusas argumentales y mentales que en la práctica funcionan bien para defender los propios privilegios a costa de los intereses de otros. Si esos argumentos dejasen de funcionar, se usarían otros métodos, no necesariamente argumentos. El caso es seguir comportándose tan egoístamente como conviene a los genes egoístas, lo que como ya sabemos, también deja un cierto margen para la cooperación y el altruismo.

---

[54] Pero curiosamente también creo que, bajo determinadas circunstancias, otras personas darían su vida por nosotros. Todo esto es consecuencia de la programación genética a la que nos ha sometido la ciega evolución. manuherran.com/el-origen-del-egoismo/

Robert Anson Heinlein. Fuente: wikimedia

Los individuos, humanos o animales no humanos, entre otras cosas, somos fuertemente egoístas por un imperativo genético. Soy consciente de que expresar esta idea tiene sus riesgos. De ninguna forma la introduzco con el objetivo de que sirva de excusa o indulgencia para quien quiera perjudicar a otros. Pero si queremos cambiar la realidad será mejor mirarla directamente a la cara tal como es, no como nos gustaría que fuera. Nos gusta creer que somos libres, que podemos actuar mejor o peor a voluntad, pero si la genética no fuera determinante, como decía Heinlein "podríamos enseñar cálculo a un caballo".

Nuestros genes no solamente determinan nuestros impulsos egoístas. También determinan nuestro altruismo y nuestro amor, nuestro deseo de un mundo mejor. La buena noticia es que una vez que tenemos inteligencia y tecnología, y en relación a ambos impulsos (el egoísta y el amoroso), podemos emplear la tecnología y el conocimiento para aumentar la felicidad, la propia y la de los demás, en vez de buscar extender la propia vida a toda costa, que es lo que realmente hacemos. Podríamos hacernos a nosotros mismos más amorosos y menos egoístas. Más felices, en definitiva. Porque sabemos perfectamente que es mejor vivir una vida corta pero feliz, que una vida más larga, pero con mayores sufrimientos, y sin embargo nos comportamos como si esto no fuera cierto, debido a nuestra "programación" genética.

Quienes se plantean matar a sus propias mascotas como quienes rechazan su "humanidad" en el trabajo, en última instancia también buscan la felicidad. Pero no se dan cuenta que esa búsqueda de la felicidad, tal como habitualmente se entiende, es parte de un engaño al que hemos sido sometidos por los genes.

Genes que estamos en condiciones de modificar, y así liberarnos de esta esclavitud, tal como propone David Pearce[55].

David Pearce, filósofo transhumanista que propone la abolición del sufrimiento de todos los seres sintientes

Por supuesto, la modificación de nuestros genes para ser más amorosos y menos egoístas puede ser considerada una aberración, como también lo ha sido diseccionar cadáveres, una transfusión de sangre o un trasplante de corazón. También se puede argumentar que la modificación genética podría perjudicar nuestra aptitud evolutiva. ¿Acaso la cesárea lo ha hecho? ¿Acaso dejaremos de hacer cesáreas para que

---

[55] hedweb.com

mueran los portadores de genes de caderas demasiado estrechas? Aunque la naturaleza nos ha "programado" para sobrevivir a toda costa, lo que en realidad queremos nosotros es ser felices, no tener vidas largas.

Jennifer Doudna, co-descubridora de CRISPR (junto con Emmanuelle Charpentier)

Ya que la tecnología avanza más rápido que el desarrollo moral, preferiría que el desarrollo tecnológico se ralentizara. Pero en caso de que esto no fuera posible, y si la tecnología fuese barata y al alcance de todos (así ocurre con CRISP-R) podemos promover que, si se emplea, sea para reducir el egoísmo, reduciendo ese deseo fuertemente arraigado de alargar la propia vida a toda costa (a costa del sufrimiento de los demás) y para aumentar los impulsos amorosos y solidarios con otros seres sintientes.

¿Y SI LA ÉTICA FUERA UNA FARSA?

Creo que la ética puede ser una farsa. Al mismo tiempo, creo que existen una cooperación y un altruismo auténticos entre individuos. A continuación, explico por qué, y hago algunas propuestas para maximizar el altruismo, compatibles con las ideas anteriores.

Seguramente, la ética es una farsa. ¿Por qué? La ética es la reflexión lógica sobre la moral. Moral es cada uno de los conjuntos de normas por las que se rige una sociedad, que permiten guiarse en los conflictos entre individuos. Hay diversas éticas (diversos razonamientos morales) y diversas morales (conjuntos de reglas por los que guiarnos).

Sucede lo siguiente: el comportamiento —entendido en sentido amplio, y en general— de cada uno de los seres vivos es aquel que sería previsible que sucediera si fuera guiado por el egoísmo de los genes, que construyen máquinas (cuerpos) con el único fin de la auto perpetuación de sí mismos (los genes). En este comportamiento se incluyen la creación y aceptación de reglas morales, y los razonamientos éticos (lógicos).

Esta no es la única explicación posible, pero es seguramente la mejor explicación. En caso de ser cierta, la ética no estaría haciendo eso que mucha gente cree que hace, que es reflexionar sobre lo que está bien y está mal (o sobre lo que está mejor y peor) para llegar a conclusiones, sino que al contrario, dadas ciertas conclusiones a las que se desea llegar (comportamientos guiados por el egoísmo de los genes), la ética se encarga, a posteriori, de justificar y argumentar para defender conclusiones predefinidas. Algunas de esas conclusiones predefinidas podrían ser clasificadas como "altruismo" y otras como "egoísmo". Es decir, según esta interpretación, la ética es una mascarada que encubre pactos de cooperación beneficiosos para los genes, decididos de antemano.

¿Cómo es posible la existencia de cooperación e incluso el altruismo en un mundo guiado por el egoísmo de los genes?

Cuando uno coopera, en general lo hace porque le resulta beneficioso a sí mismo, y especialmente a sus genes, de una forma más o menos complicada o encubierta. El altruismo también puede ser explicado mediante el egoísmo metafórico de los genes. Cada uno, además de preocuparse por uno mismo, se preocupa también por los seres genéticamente próximos: sus hijos, otros parientes genéticamente próximos, así como de sus parejas sexuales, amigos o colaboradores en la medida en la que sirvan a sus fines (los objetivos de los genes).

En esta interpretación del comportamiento es indiferente la racionalidad y otras características de los individuos: éstos pueden ser muy inteligentes o no, predecibles o no; guiados por la razón o tal vez por la superstición. No importa. Lo que esta interpretación explica es que esos comportamientos, en general, son coherentes con el egoísmo (metafórico) de los genes.

El altruismo puede encubrir un interés personal, aun cuando sea de una forma más o menos complicada o encubierta, como puede ser el caso de los niños adoptados, las mascotas, y las personas que hacen del servicio a los demás su razón de ser. En concreto el movimiento "Altruismo Eficaz[56]" (en el que yo mismo participo y promuevo) podría ser una suerte de capricho moral e intelectual, una forma de alcanzar reconocimiento y encontrar sentido a una vida sin sentido.

Sin embargo, el egoísmo de los genes no implica que los individuos sean completamente egoístas. Tengamos en cuenta que a los genes (metafóricamente) solo les interesan los individuos en la medida en la que sirvan a sus fines. Estos fines son la preservación y reproducción de ellos mismos, de los genes.

El egoísmo de los genes es totalmente compatible con la cooperación y el altruismo entre individuos. A lo largo de la historia se han formado todo tipo de comunidades cooperadoras, y esto ha ocurrido en muchas especies. Ya sean hormigas o seres humanos, podemos ver como unos grupos se enfrentan con otros sin ningún reparo ético (esclavitud,

---

[56] altruismoeficaz.es

guerras) mientras colaboran e incluso son totalmente altruistas dentro del propio grupo.

Este altruismo no ocurre únicamente dentro de la propia especie. El egoísmo de los genes predice que en ausencia de otras consideraciones seremos tanto más altruistas cuanto más próximos nos encontremos genéticamente. Esto incluye —para los seres humanos— empatía y altruismo con grandes simios, mamíferos en general, y por qué no, con todas las especies animales. Las sociedades y personas, cuanto más desarrolladas estén, cuanto más cubiertas estén sus necesidades, tanto más estarán dispuestas a considerar moralmente a otros seres a mayores distancias genéticas.

¿Cómo es posible la existencia de una ética que proponga la disminución de poblaciones?

Con razón o sin ella, en general, la mayoría de las personas defenderá una ética que en última instancia argumentará en favor de alargar la vida e incrementar el número de individuos, porque dicha ética es parte del comportamiento de seres que han sido seleccionados evolutivamente. La defensa de la disminución de poblaciones pertenecerá, por lo general, a casos marginales. Aquellos que defiendan la idea de que reproducirse no es una buena idea, seguramente no se reproducirán o lo harán en menor medida que otros.

¿Cómo maximizar la cooperación y el altruismo en un mundo guiado por el egoísmo de los genes?

- Podemos emplear la razón para argumentar a favor del altruismo entre individuos. El espectáculo debe continuar. Si los genes nos han construido para que usemos razonamientos éticos para llegar a la conclusión de que el altruismo es deseable, hagámoslo. No sólo será bueno para eso que pretenden los genes: será bueno, en general, para todos.
- Podemos destacar los beneficios egoístas del altruismo. El individuo altruista envía una "señal costosa" al resto de la sociedad, atrayendo la simpatía y consideración precisamente de aquellos que también más valoran la cooperación y el altruismo. Llegado el caso de que la persona altruista sea quien necesite del altruismo de los demás, para entonces habrá atraído la atención de otros muchos altruistas que esta vez podrán ayudarle a él.
- Podemos mejorar los mecanismos de comunicación y compromiso. Existen muchas oportunidades *ganar-ganar* entre individuos que no se aprovechan por

falta de información o falta de mecanismos que aseguren la cooperación.
- Podemos considerar que el máximo altruismo es inevitable. La máxima eficiencia la produce el altruismo total, por lo que es previsible un alineamiento de la evolución con una cooperación global entre cada vez más seres, hasta alcanzarlos todos. De la misma forma que ahora existe una "declaración de los derechos *humanos*", es previsible que exista una "declaración de los derechos de los seres que sienten", una suerte de pacto global que incluye a todos los seres que puedan verse afectados por las acciones u omisiones de los demás. Cuanto antes aceptemos esto, antes disfrutaremos todos de esta máxima eficiencia.
- Podemos facilitar la convergencia entre el egoísmo de los genes y el altruismo entre individuos. ¿Cómo? Ayudando a maximizar la existencia de vida altruista, mientras que contenemos la tendencia a que otros tipos de individuos, cuyo comportamiento esté basado en el egoísmo, ocupen ciertos nichos. En la medida en la que el altruismo pueda asegurar la existencia de una vida feliz, cuanta más vida altruista exista, mejor. Es decir, se trata de facilitar la aparición de vida altruista y feliz tanto como sea posible, evitando que nuevos nichos sean ocupados por otros seres egoístas y/o infelices.

Pequeños pasos para tener en cuenta a los animales

Desde niños nos enseñan cuentos de animales, que viven en un mundo feliz que a todos nos gustaría que existiera. Y luego los niños no son capaces de identificar a esa vaquita o ese cerdito con el filete que se están comiendo en el plato. Y cuando lo descubren es un shock para ellos. La mayoría de los niños y adultos disfrutan comiendo animales. Para los niños este deseo (y si se quiere, necesidad) puede ser aún más fuerte. Recordemos que todos los niños comienzan alimentándose de un producto puramente animal: la leche materna. Pero tengamos en cuenta dos cosas, y sobre todo en el caso de los adultos:

- Por una parte, en su libro "Un paso adelante en defensa de los animales", Oscar Horta[57] (promotor de una alimentación estrictamente vegetal) menciona que a lo largo de nuestras vidas consumimos de media unos 20.000 animales.
- Por otra parte, asociaciones de nutricionistas de EE. UU., Canadá, Argentina y Australia afirman que una dieta estrictamente vegetariana, si está bien planificada (que no siempre es así), es saludable y completa en todas las etapas de la vida.

Incluso aunque no creamos en lo que dicen estas asociaciones de nutricionistas, o aun creyéndolo, si llevar a cabo una dieta

---

[57] masalladelaespecie.wordpress.com

estrictamente vegetariana nos resulta excesivamente engorroso o costoso, en vez de eliminar totalmente el consumo de productos animales, podríamos probar a reducir su consumo, por ejemplo, a la mitad, sustituyendo dicho consumo por legumbres, verduras, frutas y hortalizas.

Apuesto a que, por lo general, consumimos demasiadas grasas y proteínas animales. Esta sustitución, salvo rarísimas excepciones, debería ser saludable. Reduciendo este consumo a la mitad salvaríamos cada uno de nosotros nada menos que a 10.000 animales de una vida entre miserable y aburrida, y de una muerte que no será nada agradable. Incluso con motivaciones egoístas, con este enfoque todos salen ganando.

Oscar Horta, filósofo moral especialista en ética animal

Argumentos a favor de la consideración moral de los animales

- La sintiencia es moralmente relevante, y los animales son sintientes.
- Imparcialidad o independencia del punto de vista en un conflicto moral: si yo fuera un animal no humano, preferiría que los demás tuvieran en cuenta mis intereses.
- Desde ciertas posiciones metafísicas como el "Individualismo Abierto[58]", todos los seres sintientes somos un único ser, por lo que egoístamente cada uno de nosotros debería tratar de ayudar y respetar a otros seres sintientes.
- ¿Quién fue el primer humano? La pregunta no tiene significado desde la teoría de la evolución. La especie es un concepto difuso, no binario (durante la evolución ha habido, y previsiblemente habrá, seres más o menos humanos), y en todo caso es un concepto que sirve para clasificar seres según su origen, y dicha taxonomía no necesariamente debe coincidir con un criterio de relevancia moral.
- Costo / beneficio: podemos beneficiar a los animales en gran escala con un costo relativamente pequeño. Por ejemplo, ya hemos dicho que, si reducimos a la mitad nuestro consumo personal de animales, cada uno de nosotros evitará que unos 10.000 animales tengan una existencia dolorosa. También si queremos divertirnos poniendo nuestra vida en

---

[58] manuherran.com/individualismo-vacio-abierto-y-cerrado

riesgo, hay muchas formas de hacerlo que no requieren torturar a toros sintientes en las plazas.
- Alguien virtuoso no puede ser cruel con los animales. Al contrario, debería ayudarlos cuando tuviera oportunidad.
- San Francisco de Asís dedicó su vida a ayudar a los animales, a quienes consideraba sus "hermanos menores". Es un ejemplo a seguir.
- Los animales son diferentes, y la diversidad / complejidad son valiosas.
- Los animales están vivos, y la vida es valiosa.

Argumentos en contra de la consideración moral de los animales

- Algunos animales pueden no ser sintientes o disponer de un grado muy pequeño de sintiencia.
- Nosotros los humanos tenemos el privilegio de poseer ciertos derechos que otros animales no tienen porque estadísticamente en algún momento tendremos ciertos deberes con los que pagaremos esta deuda, como si firmáramos algún tipo de "contrato" especista. Las excepciones no son la norma. Vivimos en la jungla de un mercado moral imperfecto. El altruismo auténtico apenas existe.
- Los humanos son moralmente relevantes, por lo que, si evitamos considerar a los animales, tendremos más recursos para considerar a los humanos. Tener

en cuenta a los animales frenaría el desarrollo humano. Lo mismo se puede decir de cualquier otro grupo humano. Por ejemplo, los humanos americanos son moralmente relevantes. Si evitamos considerar a los humanos europeos, tendremos más recursos para considerar a los humanos americanos.
- Simplemente, egoísmo. Nosotros los humanos somos poderosos, por lo que, desde un punto de vista egoísta, nos beneficiaremos si impedimos a los animales no humanos entrar en el círculo moral. Si alguien tiene más poder, merece dominar el resto (posiciones elitistas).
- Necesitamos comer animales no humanos para estar saludables, por lo que nos sentiremos mejor si no los consideramos.
- La gente es desconsiderada con los animales. Sigamos a la multitud. La innovación siempre es arriesgada. Es más seguro seguir lo que hace la mayoría.
- Somos la especie elegida por Dios. Él nos concede el derecho a usar animales.
- No existen obligaciones morales. Por lo tanto, no hay una obligación de tener en consideración a los animales (y a los humanos tampoco).
- Argumento "wittgensteiniano": no tenemos la capacidad de comprender qué es "ser un animal". Inferir conclusiones a partir de nuestra visión humana del mundo sería "hacer trampa". En realidad, podríamos decir lo mismo de cualquier otro humano ya que no podemos "ser" otra persona.
- Sólo debemos tenerlos en cuenta si su desconsideración resulta ofensiva o indigna para los humanos: por ejemplo, sufrimiento gratuito

(innecesario desde un punto de vista humano) o degradante (humanos que disfrutan torturando animales).
- Holismo / ecologismo. Los animales individuales no tienen relevancia moral. Sólo tienen relevancia como parte de un ecosistema. Lo mismo sería aplicable a humanos: desde este planteamiento sería indiferente que mueran millones de humanos mientras podamos mantener el ecosistema estable y "saludable".

De todos los argumentos en contra de la consideración moral de los animales, el mejor de todos me parece el egoísmo. Aun así, hay ciertas situaciones en las que, precisamente buscando el máximo beneficio propio, sería recomendable considerar a los animales:

- Nuestra sociedad es altamente cooperativa, y aparentar tener sensibilidad por los animales puede mandar un mensaje positivo a la sociedad, indicando que soy una persona de fiar. Esto es conocido como "virtue signaling", a veces traducido como "postureo ético". La forma más sencilla de parecer virtuoso es, simplemente, serlo.
- Tratar mal a los animales es degradante. Al contrario, tratarles bien y cuidarles forja una personalidad sana, propia de alguien feliz.
- Es más fácil ser feliz cuando los demás también lo son, o al menos no son desgraciados, lo cual también incluye a los animales.
- Según la hipótesis del "Individualismo Abierto, todos los seres sintientes somos un único ser "Tú eres ellos[59]"

---

[59] "You are them". Magnus Vinding.

, y ayudar a los animales es ayudarnos a nosotros mismos.

A MODO DE RESUMEN

- ¿Cómo reconocemos la sintiencia? Mediante el parecido o cercanía.
- ¿Por qué? Porque es la forma en la que podemos hacerlo fácilmente, según el "efecto de la farola encendida". Pero esto no quiere decir que sea la única ni la mejor forma de hacerlo, al menos desde un punto de vista ético.
- ¿Cómo deberíamos reconocer la sintiencia? La prioridad debería ser reconocer la sintiencia de los seres que más sufren.
- ¿Por qué? Porque los seres que más sufren son quienes más necesitan de nuestra consideración moral.

EL PRINCIPIO DE ESTABILIDAD, INERCIA Y RECURRENCIA

Adicionalmente, y teniendo en cuenta que:

- El origen de la consideración moral es la evolución, y
- la evolución es un caso particular de una manifestación que podríamos describir como la tendencia de las cosas hacia la estabilidad, la inercia o la recurrencia, la cual
- responde a nuestra forma de observar y conceptualizar la realidad

entonces, nuestra consideración moral está injustamente limitada, no solo a los objetos que de una u otra forma son parecidos a nosotros, tal como se ha explicado aquí, sino que también está injustamente limitada a los objetos que somos capaces de identificar.

Conclusión: ¿Quiénes son los seres moralmente relevantes?

Los seres sintientes son, por definición, seres capaces de tener experiencias como el placer o el dolor.

Los seres sintientes tienen interés en disfrutar e interés en no sufrir. Por eso son moralmente relevantes.

Cada uno de nosotros tiene la completa seguridad de ser sintiente y por tanto tiene la completa seguridad de ser moralmente relevante.

Ejemplos de Sensaciones, Emociones y Sentimientos. Manu Herrán. (La figura se repite por comodidad para el lector).

El resto de seres humanos son muy parecidos a nosotros, y este es seguramente uno de los motivos por los que los consideramos sintientes y por tanto moralmente relevantes. El mismo razonamiento se aplica también a los animales no humanos (otros mamíferos, aves, reptiles, peces, etc.). Nadie duda de que chimpancés, gorilas, orangutanes y bonobos [60] son sintientes. Tampoco prácticamente nadie duda de que otros mamíferos como perros, gatos, cerdos o vacas son capaces de sentir placer y dolor. En estos casos podemos interpretar con facilidad sus sentimientos y emociones (además de sus sensaciones) mediante las expresiones de su cara y sus gestos. Este reconocimiento es sencillo para nosotros, entre otros motivos, porque estos animales reaccionan de manera muy similar a nosotros ante los mismos estímulos (aunque con excepciones). Pero hay quien duda acerca de la sintiencia de los peces. También nos podemos

---

[60] es.wikipedia.org/wiki/Grandes_simios

preguntar: ¿qué sienten los caballitos de mar? ¿Expresan el dolor las langostas al ser hervidas vivas? Es decir, en la medida en la que los animales son diferentes a nosotros y se expresan de formas diferentes, tanto más difícil será para nosotros reconocer en ellos la sintiencia. Probablemente esto nos haga dudar acerca de la existencia de esta sintiencia o de su intensidad.

Los límites del "método del parecido"

Los mecanismos que habitualmente empleamos para reconocer la sintiencia[61] se basan en el parecido: aspecto externo similar, similar constitución interna, parecido en cuanto al comportamiento, mismo origen (evolutivo), proximidad genética, etc. Todos ellos son distintas formas de "parecido". Este "método del parecido" para obtener conocimiento (acerca de quién es sintiente) se basa en un tipo de evidencia[62] que podríamos denominar "razonamiento por analogía"[63], un tipo de razonamiento inductivo que recuerda a la interpolación y a la extrapolación. Aunque este método del parecido es válido y útil, contiene un elemento que es arbitrario y resulta limitante. Ese elemento somos nosotros mismos.

---

[61] manuherran.com/como-reconocer-la-sintiencia

[62] manuherran.com/evidencias

[63] es.wikipedia.org/wiki/Razonamiento_por_analog%C3%ADa

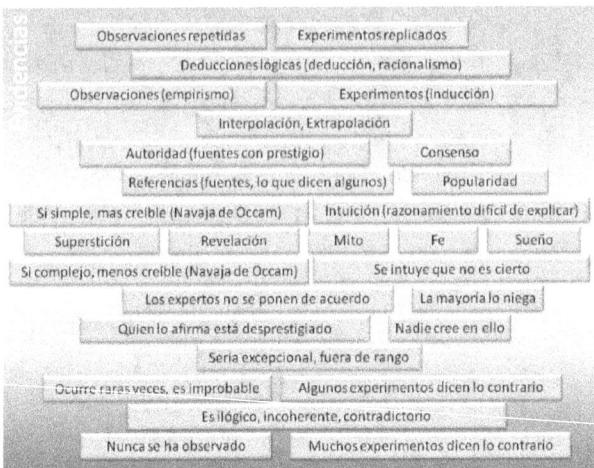

Ejemplos de evidencias. Manu Herrán

¿PUEDE HABER OTRO TIPO DE SERES SINTIENTES?

Según este método del parecido, estamos considerando que nosotros mismos somos sintientes y por tanto aquellos seres que sean parecidos a nosotros mismos también los serán. Pero esto no implica que los seres que no sean parecidos a nosotros no sean sintientes. Seres muy diferentes a nosotros podrían tener experiencias positivas y negativas muy diferentes a las que conocemos. También podrían expresarlas de formas muy diferentes. Además, podrían ser sintientes habiendo adquirido la sintiencia de una forma muy diferente a la nuestra. En definitiva, para nosotros estas experiencias positivas y negativas serían irreconocibles. Todo esto nos dificultaría mucho reconocer la sintiencia en estos seres.

Para explicarlo con una metáfora: las aves vuelan gracias a las alas y las plumas. Es razonable pensar que, si yo vuelo gracias mis alas y mis plumas, otros animales con alas y plumas seguramente serán capaces de volar. Pero podrían existir objetos también capaces de volar que no tuvieran ni alas ni plumas. Por ejemplo, los cohetes tele-dirigidos o los cohetes inteligentes autónomos.

Determinar si los robots son sintientes y por tanto moralmente relevantes es un problema parecido a determinar si los insectos o si las amebas son sintientes y por tanto moralmente relevantes. En estos casos en los que no podemos emplear el método del parecido, rechazar la sintiencia podría ser atrevido y generar una catástrofe moral. Si queremos evitar el sufrimiento en general, o evitar el sufrimiento intenso, debemos explorar el uso otro tipo de herramientas o evidencias para valorar la posible sintiencia de seres muy diferentes a nosotros.

¿Cómo determinar la sintiencia de seres que no son parecidos a nosotros?

Se puede proponer un método alternativo al "método del parecido" para valorar la sintiencia. Este método alternativo consiste en entender o al menos asumir que entendemos la sintiencia. Si supiéramos cuál es la naturaleza de la sintiencia, es decir, de dónde viene o cómo se produce, podríamos concluir cuáles seres son sintientes y cuáles no; al menos, de acuerdo con dicha teoría. Siempre que la teoría fuera cierta, este mecanismo funcionaría, incluso aunque estos seres fueran muy diferentes a nosotros, como ocurre con los insectos, las amebas, los robots hechos de metal, arena y plástico, y los agentes de las simulaciones digitales.

Es decir, si creemos en una única teoría de la sintiencia, apliquémosla y veamos que nos dice dicha teoría acerca de la sintiencia de las máquinas. Por ejemplo, el paradigma emergentista evolutivo, muy popular entre científicos, establece que la sintiencia emerge por su utilidad asociada a la resolución de problemas en entornos evolutivos como el nuestro. En ese caso, si pudiéramos crear un entorno evolutivo artificial (físico o simulado) lo suficientemente rico, y esperáramos el tiempo suficiente, sería razonable pensar que también pueda emerger la sintiencia en estas "máquinas", por lo que habría que considerarlas moralmente.

Este método basado en entender o al menos asumir que entendemos la sintiencia tiene varios inconvenientes. Por una parte, las teorías acerca de la sintiencia son muy difíciles de entender y están sujetas a apasionados debates y malentendidos. Seguramente esto ocurra porque existen fuertes intuiciones acerca de la naturaleza de la sintiencia, y al mismo tiempo son muy difíciles de comunicar. Para solucionar este problema he propuesto la creación de simulaciones <u>pedagógicas de las distintas teorí</u>as de la sintiencia[64], que

[64] manuherran.com/simulacion-de-hipotesis-filosoficas-sobre-la-sintiencia-un-sistema-para-comprender-y-evaluar-teorias-metafisicas-de-la-sintiencia

faciliten el entendimiento y el diálogo acerca de sus aspectos, así como la valoración de su verosimilitud.

Por otra parte, las teorías acerca de la sintiencia son muy difíciles de demostrar de forma determinante, por lo que alguien podría objetar que este método no va a funcionar porque no sabemos cuál teoría es la correcta, y no está justificado creer en una única teoría. Efectivamente, en el campo de las ideas filosóficas no podemos (fácilmente) hacer predicciones[65]. Sin embargo, podemos seleccionar las teorías en función de su popularidad, su coherencia interna, su capacidad explicativa, y su compatibilidad con las evidencias disponibles (siendo todos estos aspectos ciertas formas de evidencia, por leve que fuera, aunque algunas -como la popularidad, sin más- son discutibles). Además, si fuera necesario, podemos agrupar varias teorías o hipótesis que solo se distinguen en elementos que son accesorios o arbitrarios, como si fueran una sola. Con todo esto, podríamos asignar diferentes valoraciones de veracidad a cada teoría. De esta forma no estaríamos confiando en una única teoría, sino en un abanico de teorías, aunque no en todas por igual. A continuación, podríamos valorar la respuesta que cada una de estas teorías ofrece acerca de la pregunta sobre la sintiencia en otros seres u objetos (por ejemplo, en máquinas), ponderado con la plausibilidad de cada teoría, dándonos una imagen más precisa de la relevancia de la posible sintiencia en dichos seres u objetos, obtenida a partir de las mejores teorías.

A esta propuesta se podría objetar que en el asunto de la sintiencia nuestro desconocimiento es tan grande que tal vez la teoría correcta no solo no se encuentre entre las seleccionadas, si no que tal vez se encuentre muy alejada de

---

[65] manuherran.com/como-demostrar-la-sintiencia

éstas, y el resultado tenga muy poca o ninguna validez. Una solución a esto consistiría en evitar seleccionar simplemente un conjunto finito de teorías. Al contrario, podríamos trabajar con un mapa multidimensional de teorías[66], creado expresamente para que pueda dar cabida a tantas teorías sobre la sintiencia como sea posible, de forma que incrementemos la probabilidad de que dentro del mapa de teorías pueda encontrarse la teoría correcta; y en vez de valorar la verosimilitud de teorías determinadas, valorar la verosimilitud de zonas del mapa o tipos de teorías.

COSAS QUE SIENTEN

El mapa de hipótesis que se muestra a continuación incluye en el segundo cuadrante aquellas teorías que establecen que es necesario un elemento o componente físico, material, de algún tipo, como requisito para la sintiencia como, por ejemplo, neuronas biológicas, húmedas, basadas en el carbono. La palabra "máquina" o "robot" habitualmente nos evoca imágenes de dispositivos hechos de metal, arena y plástico, pero de una forma más genérica, "máquina" es un dispositivo de cualquier tipo creado por el ser humano, y perfectamente podría tratarse de una máquina biológica o de un robot biológico. Si asumimos como cierta alguna de las teorías del segundo cuadrante, deberíamos concluir que una

---

[66] manuherran.com/un-mapa-de-teorias-enfoques-y-paradigmas-relacionados-con-la-consciencia-la-sintiencia-y-la-identidad

máquina, si fuera construida mediante dicho elemento responsable de la sintiencia –supongamos, por ejemplo, células biológicas artificiales–, entonces dicha máquina o robot debería ser considerada moralmente, ya que podría ser sintiente.

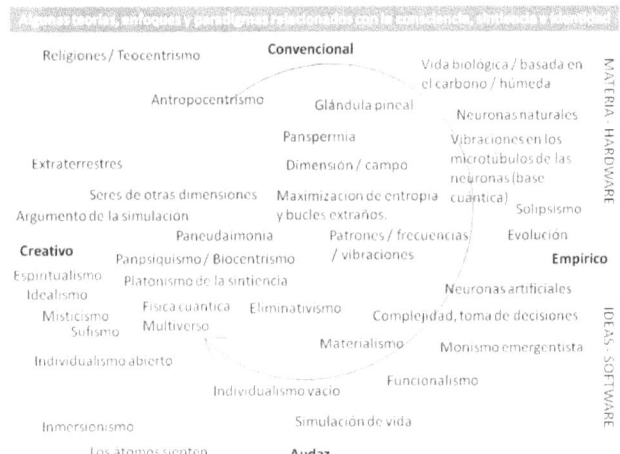

Un mapa con algunas teorías, enfoques y paradigmas relacionados con la consciencia, sintiencia e identidad. Manu Herrán. (La figura se repite por comodidad para el lector).

Dado que el criterio para recibir consideración moral es la capacidad de sentir, podemos y debemos pasar de la afirmación "Sólo los animales merecen consideración moral" a "Sólo los seres que sienten merecen consideración moral". De esta forma no dejaremos fuera de la consideración moral a otros seres que puedan sentir. Tal vez robots (ya hablemos de hardware[67] o software[68]), o quién sabe si las plantas[69] o

[67] reducing-suffering.org/machine-sentience-and-robot-rights

incluso los átomos[70]. También creo que es extraordinariamente relevante y absolutamente defendible considerar la posible sintiencia en sustratos biológicos artificiales o manipulados[71], tales como "Organoides", "Quimeras" y "Tejidos Ex vivo". No quiero dejar de mencionar otras posibles naturalezas de la sintiencia, como la sintiencia platónica[72] o los seres sintientes sin contornos bien definidos, en los cuales la identidad puede no ser algo bien delimitado sino más bien difuso o borroso. Teniendo en cuenta esta última posibilidad, más que hablar de la relevancia moral de "ayudar y respetar a los seres que sienten" deberíamos hablar de la relevancia moral de "reducir el sufrimiento e incrementar la felicidad", sin hacer referencia a seres individuales bien definidos.

En este libro no he pretendido desarrollar las muchas alternativas en relación con la experiencia sintiente[73] y me he

---

[68] animalcharityevaluators.org/blog/why-digital-sentience-is-relevant-to-animal-activists

[69] sciencedirect.com/science/article/pii/S030438941201028X

[70] reducing-suffering.org/is-there-suffering-in-fundamental-physics

[71] theneuroethicsblog.com/2018/09/organoids-chimeras-ex-vivo-brains-oh-my.html

[72] manuherran.com/implicaciones-de-un-plausible-platonismo-de-la-sintiencia-en-la-prevencion-del-sufrimiento

[73] manuherran.com/un-mapa-de-teorias-enfoques-y-paradigmas-relacionados-con-la-consciencia-la-sintiencia-y-la-identidad

centrado principalmente en la que considero que es una de las teorías más plausibles y además una de las que tiene más éxito entre los científicos (aunque insisto en que no es la única): el paradigma emergentista evolutivo.

A modo de aclaración en el uso de la terminología en relación a las hipótesis sobre la sintiencia, considero que los distintos paradigmas son zonas, más que puntos, en un espacio multidimensional. Tal vez un proyecto educativo basado en la simulación de hipótesis sobre la sintiencia nos ayude a entenderlas mejor y a caminar por este mapa multidimensional tratando de argumentar y asignar verosimilitud a las distintas posibilidades[74].

CONCLUSIONES

La ciencia no establece certezas, sino que realiza afirmaciones y aporta explicaciones basadas en evidencias. Las evidencias disponibles indican que los animales sienten. Sensaciones, emociones y sentimientos no son exclusivos de los seres humanos. Tal vez los sentimientos sean exclusivos de mamíferos y otros vertebrados. Tal vez las emociones requieran un cierto número de neuronas. Pero todos los animales con Sistema Nervioso Central experimentan sensaciones o sentidos, y sin duda muchos de ellos también emociones, y también sentimientos.

---

[74]manuherran.com/simulacion-de-hipotesis-filosoficas-sobre-la-sintiencia-un-sistema-para-comprender-y-evaluar-teorias-metafisicas-de-la-sintiencia

Según el paradigma emergentista evolutivo, la sintiencia es útil o al menos inevitable en los animales que han evolucionado como nosotros. Reconocemos la sintiencia en otros mediante: parecidos físicos, parecidos en el comportamiento, proximidad evolutiva, así como en la utilidad o inevitabilidad de la sintiencia asociada a la inteligencia como mecanismo de eficiencia evolutiva.

Según la Declaración de Cambridge de 2012, de la ausencia de neocórtex no se deduce la falta de estados afectivos. Las áreas del cerebro que nos distinguen de otros animales no son las que producen la conciencia / sintiencia / sufrimiento.

Por incómoda que nos resulte la consideración moral de los animales, es una exigencia moral incontestable. Es honesto reconocer la verdad más probable: los animales sienten y sufren intensamente. Si queremos, hay muchísimo que podemos hacer para reducir su sufrimiento.

¿QUÉ PUEDO HACER?

Algunas personas me preguntan qué pueden hacer en favor de los animales. Esta es una lista de cosas que creo que en muchos casos pueden hacerse con poco esfuerzo:

- Desarrollar una actitud escéptica, imparcial y honesta.

- Informarse, sin dejar de ser escépticos.

- Debatir amablemente sobre el tema.

- Cuidar de los animales que estén a nuestro cargo y ayudar a los de nuestro entorno.

- Evitar en lo posible hacerles daño.

- Evitar en lo posible que con nuestro dinero los animales sean perjudicados. Teniendo mucho cuidado con nuestra salud, podemos probar a disminuir el consumo de animales. Sobre todo, podemos evitar el consumo de aquel tipo de productos animales que conlleva asociada mayor cantidad de sufrimiento (marisco hervido vivo, foie gras, pollo y pavo). Probablemente el alimento de origen animal con menor sufrimiento asociado sea la leche y los lácteos en general (queso, yogur, mantequilla, helado...), seguido por la carne de los animales grandes[75][76][77].

---

[75] ethical.diet

[76] sandhoefner.github.io/animal_suffering_calculator

[77] reducing-suffering.org/how-much-direct-suffering-is-caused-by-various-animal-foods

- Exponer con serenidad y amabilidad nuestros argumentos cuando una situación nos parezca injusta (por ejemplo, la tauromaquia, la experimentación animal o los zoos), escuchando los argumentos de los otros sin tratar de confrontar: reconociendo primero los posibles puntos en común o el posible valor de la posición contraria, y aclarando a continuación la propia posición.

- Apoyar a quienes defienden a los animales, como protectoras de animales (por ejemplo, "Vydanimal"[78] de Beatriz Arévalo), santuarios o refugios (como "La casita de Lluvia"[79] de Adriana F Caiaffa; "Santuario Vegan"[80] de Laura Luengo y Eduardo Terrer, y "El Hogar Animal Sanctuary"[81] de Elena Tova y Eduardo Santana) y otras organizaciones, como la asociación "Ética Animal"[82], "Igualdad Animal"[83] o la Organización para la Prevención del Sufrimiento Intenso (OPIS)[84].

---

[78] teaming.net/vydanimal-protectoradeanimales

[79] teaming.net/lacasitadelluvia

[80] facebook.com/SantuarioVegan

[81] facebook.com/ElHogarAS

[82] animal-ethics.org

[83] igualdadanimal.org

[84] preventsuffering.org

- Si antes teníamos en baja consideración a los animales y después hemos cambiado de opinión, reconocerlo puede ser de gran ayuda para que otros se planteen también tener más en cuenta sus intereses.

Gracias a todos los que de una u otra forma han ayudado a que este libro vea la luz y a todos los que se empeñan en erradicar el sufrimiento, sustituyéndolo por satisfacción, paz y tranquilidad.

¡ALABBAMOR!

www.ingramcontent.com/pod-product-compliance
Lightning Source LLC
Chambersburg PA
CBHW051313220526
45468CB00004B/1324